金色宝石
约克夏㹴

顾问 吴东霖
主编 王 晓

陕西科学技术出版社

图书在版编目（CIP）数据

约克夏㹴/王晓主编． —西安:陕西科学技术出版社，
2008.10(2009.4重印)
ISBN 978-7-5369-4360-5

Ⅰ．约… Ⅱ．王… Ⅲ．犬—驯养 Ⅳ．S829.2

中国版本图书馆 CIP 数据核字（2008）第 051133 号

内 容 简 介

这本《约克夏㹴》单犬种全彩专辑汇集了各约克夏㹴俱乐部（协会）的研究成果及资料文献，汇集了国内外著名专业犬舍的饲养管理实践经验，从约克夏㹴的起源发展、犬种标准、图解评鉴、赛场展示、选购饲养、训练管理、选种繁育等方面进行了详细介绍，并配以大量高质量的图片予以对照说明，知识专业、内容丰富、通俗易懂，极具实用性、科学性及欣赏性。

出版者	陕西科学技术出版社
	西安北大街131号 邮编710003
	电话(029)87211894 传真(029)87218236
	http://www.snstp.com
发行者	陕西科学技术出版社
	电话(029)87212206 87260001
印 刷	陕西金和印务有限公司
规 格	880mm×1230mm 大32开本
印 张	4
字 数	115千字
版 次	2008年10月第1版
	2009年4月第3次印刷
定 价	25.00元

金色的宝石——约克夏㹴

  它圆圆的眼睛中透出几许灵气，柔顺的毛发一直拖到地面，全身闪着金色光泽，仿佛穿着一件质地很好的丝绸衫；头顶特别点缀的蝴蝶结让它的可爱无处可藏。无论你以前是否听说过它的名字，当它来到你面前的时候，你会打心眼儿里给予它更多的关怀与呵护。它就是来自爱尔兰的，被誉为金色宝石的约克夏㹴。

  它那扬起的头颅仿佛是在告诉人们："我是上帝派来的宠儿，给你们带来欢乐的天使。"其实人们也早已欣然认可它是人类理想伴侣的地位了——从19世纪到如今都未曾改变。

  早在19世纪中期，约克夏㹴出没于环境恶劣的矿井、隧道和昏暗的磨房里。在那里，它们可谓是战斗在一线的生力军，整日和老鼠玩突击战，常常把老鼠弄得哭天呛地，最后那些狡猾的老鼠只得乖乖投降。战斗胜利后，约克夏㹴常常是一身污泥，美丽的毛发也受了罪，可它们一点也不在乎，不惜牺牲自己高贵的形象，也要将老鼠一举拿下。它们是如此的骁勇善战，不仅对付老鼠是这样，对付块头比它们大的动物也毫不逊色，比如狐狸。它们尤其喜欢挑战，这是它们的天性。

  约克夏㹴还曾是矿工们的好伙伴。在19世纪中期，矿工们生活在社会的底层，肉体和精神都屡屡遭到迫害，但他们也有放松的时候，也有高兴的时候，其中就包含着和约克夏㹴玩耍的快乐时光。矿工们经常将它们放在衣服口袋里。它们则一点也不会安宁，做出各种滑稽搞笑的动作来逗矿工们开心。当然，在这互动的玩乐瞬间，他们建立起了深厚的情谊。

  后来，约克夏㹴的这种可爱的狗狗也吸引了更多人的关注，其中更是包括了皇族。他们视约克夏㹴为宝贝，给予它们优裕的生活环境，而约克夏㹴也很有悟性,它们总是极力地回报着人们赐予的爱,常常把人们逗得开怀大笑。

目前,约克夏㹴在世界各国都很受欢迎。它们更多地被当作玩伴犬养着,俨然已经被其主人看作正式的家庭成员。它们也很懂得与主人进行沟通,当主人不开心的时候,它们会变着招数逗主人开心,或者干脆躺在主人怀里撒娇,让主人没空寻思烦心事儿。总之,在它们身旁,你是想寻思烦恼也没有空闲。

当然,对于它们的付出,你不要忘记给它们一点小小的奖励。它们不是贪婪的家伙,只是随意领着它们去湖边走走,或到草地上玩玩,它们都会很满足的。外出一定要安排好时间,太冷、太热都是不适宜的。另外,一定要选择空气新鲜的地方,当然风景秀丽就更好了。约克夏㹴还是个爱漂亮的家伙。你得经常给它们梳理梳理被毛,剪剪它们的趾甲,在暖暖的阳光下给它们洗个热水澡。那样它们一定会信心倍增的,还会摇着尾巴来感谢你呢。

约克夏㹴是这样的可爱,这样的讨人喜欢。为了让我们能做一个负责任的饲主,我们精心编辑并出版了这本《约克夏㹴》单犬种专辑,希望这本书能给广大约克夏㹴迷们提供一些指导和帮助。

吴东霖

目 录

约克夏㹴的起源和发展

约克夏㹴的超人气魅力 002
  靓丽的外形 002
  大胆的性格 003
  随意的打扮 003
  精细的护理 004
  带来欢乐的淘气鬼 005
  享受一起散步的乐趣 005
约克夏㹴的起源 006
约克夏㹴的发展 007
约克夏㹴的血统 009
  约克夏㹴的血统渊源 009
  血统证书的作用 009

约克夏㹴的故事 010
  享受贡品的约克夏㹴 010
  爱游泳的约克夏㹴 011

约克夏㹴的犬种标准

整体外貌 014
头部 015
躯干 015
四肢和脚 015
尾 017
被毛 017
颜色 017
体重 018

赛前的准备 028
定姿审查 029
步姿审查 030
不同赛场牵犬技巧 030
指导手的赛场礼仪 032
指导手的着装 033
全场总冠军之路 034
怎样完成冠军登录 036

约克夏㹴的选购

购犬前应考虑的问题 038
确定购犬的地点 039
准备必备品 039
注意犬只的品质 040
查看健康状况 041
检查灵活性 043
约克夏㹴与丝毛㹴的区别 044

约克夏㹴的修饰美容

经常梳理毛发 046
护理趾甲 046

约克夏㹴评审图解

评分标准 020
部位名称评审图解 020
头部评审图解 021
耳朵评审图解 021
咬合评审图解 021
前肢评审图解 022
后肢评审图解 022
尾巴评审图解 022

约克夏㹴的参展

犬展的分类 024
犬展的分组方法 025
裁判审查方法及要点 026
参展前的训练 026

清洁眼睛 048
清洁牙齿 050
清洁耳朵 051
洗澡 051
修剪 051

约克夏㹴的饲养管理

约克夏㹴所需的营养成分 056
约克夏㹴的四季管理 060

春季管理要点 060
夏季管理要点 061
秋季管理要点 063
冬季管理要点 063

幼犬的日常管理 064

选择中午前带幼犬回家 064
和幼犬建立信任关系 064
为幼犬驱虫 065
按时接种疫苗 066
疫苗注射的注意事项 067
幼犬的喂养 068
幼犬饲喂的注意事项 070
幼犬的运动 070

成年犬的日常管理 072

成年犬的喂养 072
选择营养均衡的食物 072
自己配制狗粮 072
不能喂的食物 074
病中推荐食物 075
养成良好进食习惯 076
成年犬的运动 077

老年犬的日常管理 078

年老后的生理变化 078
饮食的选择 079
营造舒适的环境 079
日常健康检查 079

约克夏㹴的训练

训练的基本方法 082
训练的基本要领 083
训练的注意事项 084
训练中牵绳的正确使用 085
训练的基本科目 086

进食训练 086
排便训练 086
制止狂吠训练 087
随行训练 087
前来训练 088
坐下训练 089
握手训练 090
作揖训练 090

翻滚训练 090
敬礼训练 091
跳舞训练 091

约克夏㹴的繁殖

约克夏㹴的繁殖方法 094
约克夏㹴的选种 096
发情 097
　发情周期 097
　发情征候 098
母犬发情后的管理 099
交配 100
　交配适期 100
　交配前的防虫措施 100
　交配过程 101
　交配时应注意的问题 102
妊娠 103
　妊娠诊断 103
　怀孕犬的特殊照顾 104
生产 105
　产前准备 105
　产前征兆 107
　生产过程 107
　生产的间隔 108
　人工助产 108
难产及异常生产的处置 111
产后的管理 112
　初产母犬的教导 112
　初生仔犬的管理 112
　帮助仔犬哺乳 113
　排乳不良的处理 114
　母乳不足的处理 114
　防止母乳变质 115
　断乳前的管理 116
　断乳 117

优秀约克夏㹴鉴赏 119

约克夏㹴的起源和发展

约克夏㹴来自爱尔兰,它们曾是矿工的伙伴,后来还成为维多利亚时代淑女们的宠儿。

约克夏㹴的超人气魅力

约克夏㹴,这种带有高贵血统的世界名犬,如今越来越受到人们的追捧。它拥有娇小可人的体形、滑稽可爱的表情、机灵的双眼。它性格活泼,不怕生,能和主人和睦相处,而且喂养十分方便。每当它靓丽的身影闪现在人们眼前时,都会成为当之无愧的焦点。

◆ **靓丽的外形**

这是一种玩具㹴,长着深蓝色和金黄褐色被毛,如同穿着昂贵的金丝外套,有"移动的宝石"之美誉。它的一部分脸上的被毛自然地搭在脑门儿上,从头到尾的被毛都直直地、柔顺地挂在身体两侧。它身材小巧,身体紧凑而且比例匀称。是体形仅次于吉娃娃的小型犬,甚至可以揣在口袋里。它的头高高昂起,透出自信、自尊和充沛的精力。两只圆圆的大眼睛不停地四处张望,可爱极了。当知道自己做错了事情时,它还会做出各种滑稽搞笑的表情来让主人消气,或者干脆装出楚楚可怜的样子来博取主人的怜悯。任凭你有多生气,当你看到它的那副表情,气也都消了吧!

约克夏㹴进入我国的时间虽然不是很长,但就是在这不长的时间里，已经有不少的人在关注它了。它凭借着自己的瑰丽的形象博得了人们的喜爱。

◆ **大胆的性格**

约克夏㹴天生喜欢跟人撒娇，在某些情况下看来有点急躁，但那都是因为它太需要主人的关爱，脑袋瓜子里又充满机灵的想法所至。如果用心去了解它吠叫的原因，就不会觉得那是吵闹声了喔。

它天生不胆怯，曾被用来驱鼠。在人们一般的思维下，钻到地下寻找猎物应该不是外表漂亮的狗狗愿意干的差事，但约克夏㹴却是一个例外。它不害怕弄脏自己美丽的毛发，一如既往地钻地猎物。在如今这个水泥钢筋的世界里，虽然需要约克夏㹴钻地猎物的机会大大地缩减了，但是它的这种大无畏的精神却是需要的，至少你不会过于担心它。它是健康、有生气的犬种，面对比自己体型大的犬种，从不胆怯，也可作优良的看家犬和家庭玩赏犬。约克夏㹴在展台上永远兴奋地站着，格外引人注目。当然作为家庭玩赏犬，它们是最受瞩目的。

◆ **随意的打扮**

由于约克夏㹴全身披着柔顺的毛发，所以你可以随意给它们做出各种可爱的造型，让你的爱犬处处成为一

个十足的"百变小精灵"。但在夏日要特别注意对其毛发的处理。有的主人为了怕宝贝太热,干脆一不做二不休,索性给狗狗全身剃个精光。结果这些爱漂亮的宝贝们被剃光毛发之后常常会变得相当自卑,就像人类被脱光衣服一样地难为情,有些狗狗还可能会整天躲起来或是乱发脾气。所以剃毛之后,要适时地给予鼓励,过一段时间后就能恢复平静了。约克夏㹴心肺功能较差,会因体质不容易散热而容易中暑,所以夏天时最好还是为它剃毛,但不要过短,不过若是它年事已高,就要慎重,以免其生病。

你还可以给它扎上小辫子,别上蝴蝶结。在头顶部扎上一个蝴蝶结不仅可以让它看起来更可爱,而且还可以避免眼疾的发生。因为约克夏㹴头部的毛发偏长,毛发扫到眼周,会让它感到不舒服或滋生细菌。

◆ 精细的护理

除应定期清洁牙齿、耳道、眼睛外,为保持美观,应经常为你的约克夏㹴整理梳洗被毛。从它小时就要开始替它梳理,这样它习惯后自然不会抗拒。尽量留长它身上光亮的金黄褐色被毛,而且经常梳理,让毛发不至于打结,并且保持光亮的色泽。如坚持梳理和干洗,则不需经常洗澡。

约克夏㹴平时只需在户内活动即可,不必经常牵出运动,以免弄脏其长长的丝毛。外出时,最好选择地面干净的地方。

因为它体形不大,自然食量也不会太

多，1天喂食1餐足够（只限成年犬）。约克夏㹴的牙齿易损，要避免给它吃硬的东西。

◆ **带来欢乐的淘气鬼**

如果它刚刚到家，由于还不适应新的环境，所以会收敛一点点，显现出少有的安静，甚至是拘束。但当它和你相处了几天后，它的淘气鬼的形象便会活脱脱地呈现在你的眼前。它像是一个活泼的小孩一样，会经常在你的身边兜兜转转，仿佛是在提醒你它的存在，告诫你不能忘记了它。这样一来，你过于寂静的房间，便从此充满了快乐。

也许，你会担心它那淘气的习性会打扰你的静心阅读或者学习。其实你完全不用担心，因为它是很听话的精灵。你只要注意平时对它好好地进行训练、引导，那它会乖乖地听你的话的。一点也不会让你烦心。

◆ **享受一起散步的乐趣**

白天，主人们都忙于自己的工作，约克夏㹴就只能独自待在家里，可是它是多么想去外面溜达溜达呀！它也想出去呼吸呼吸新鲜空气，去舒缓舒缓筋骨。所以，你可以在晚饭后，带着它去户外走走，但一定得注意时间不能过长，以半小时为宜。在日复一日的循环中，狗狗和你的感情也会不知不觉地加深。至于散步地点的选择，最好是幽静的湖边或者空气清新的花园。如果你选择带它去人多的街道溜达，别忘了给它套上牵绳带，不要它随便接触别的狗只，或者到处嗅，以免感染病菌。

约克夏㹴的起源

约克夏㹴,这个来自爱尔兰的精灵,以一身柔顺的长毛著称于世。它最初是工人阶级的好伙伴,辗转于爱尔兰各地,给人们带去了无穷的欢乐。然而,关于它的起源却有着不同的声音。

约克夏㹴最初生活在 19 世纪中期阴暗、潮湿的矿井和黑暗的磨

约克夏㹴的祖先

房里。它们最初属于工人阶级,特别是织布者。他们的关系非常密切。幽默的评论说,约克夏㹴长长的丝毛是由织布机织出来的。

当时普遍存在的犬,是今天已经绝种的黑褐㹴,又被称为英国老式黑褐㹴,是一种凶猛的犬。它的名字有"硬直而多色的被毛"的意思。几乎可以确定它是威尔士㹴和艾尔谷犬的祖先。专家们认为我们应该弄清楚这个品种的犬以揭示关于约克夏㹴祖先最重要的部分。

在 19 世纪早期,有一种非常勇敢的农场犬叫河畔㹴,它可能是英国老式黑褐㹴的一个分支,也可能是在约克夏㹴的培育中有过贡献的犬种。它非常小,体重不超过 2.7 千克,灰色的毛发略长,头部毛发为银白色。黑褐㹴

早期的约克夏㹴

中最著名的捕鼠能手是曼彻斯特㹴,它也是最精致的犬之一,在约克夏㹴的祖先中占有一席之地。

19 世纪中期一位笔名为"stonehenge"的专门写犬类的作者曾经这样描述过这种新品种:"有时它的毛是丝状的。颜色为蓝浅黄褐色或蓝褐色。"从这些文字中,我们可以看出约克夏㹴的祖先也是长毛品种。

另外,一只叫哈德斯菲尔德·本的㹴特别的有名。它是在 1850 年被记入登记簿中的约克夏㹴的遗祖——一只叫 Old Crab 的

蓝色长毛克莱德谷㹴和一只叫 Old Kitty 的断耳的类似斯凯㹴的母犬之仔。1865 年,它们产下了历史上最著名的约克夏㹴——哈德斯菲尔德·本。它的主人布拉德福先生是一名育种专家,是他确立了未来约克夏㹴的样子。历史学家曾称他为"品种之父"。偶

哈德斯菲尔德·本被誉为约克夏之父

尔会出现一些狗,它们将从各种品种中继承下来的优点全部传给了后代,哈德斯菲尔德·本就是这种狗。它作为种犬,常常被拿来配种。经过上百年的近亲繁殖,约克夏㹴品种便风靡全世界。

值得一提的是,殖民侵略对约克夏㹴的起源也产生了一定的影响。

侵略大不列颠的凯尔特人和其他部落的人及占领爱尔兰的殖民者们都带着自己国家的狗来到大不列颠。还有一些当时欲征服了整个世界的人,他们搜集了殖民地的狗也带到了这里。而诺曼底人则向大不列颠引进了他们本地的品种,以至于改变了大不列颠本地犬的血统。个体血统的发展常常需要几十年,甚至上百年的时间,而且常常是由于一些凑巧的事情造成的。其中就包括约克夏㹴在内。最终形成的这些犬类被用于各个领域,它们各自的优点也相继体现出来了。

约克夏㹴的发展

1861 年,约克夏㹴第一次在英国展出了。但那时不叫"约克夏㹴",而叫做"苏格兰断毛㹴"。这可并不是凭空想象出的一个名字,因为有记载认为苏格兰高地㹴是约克夏㹴的祖先之一。后来经过学者的考证,证实了这种说法,因为它们之间确实存在着某种联系。当时,工业革命的中心在威尔士的北部、中部和南部,这些地区的快速发展,吸引了很多来自苏格兰莱德河地区的矿工和棉纺织工人前来谋职,和他们一起到来的还有他们的爱犬——苏格兰断毛㹴。它们来到新的家园,很快地便适应了当地的环境,并和其他犬异种交配。所有这些品种杂交形成了现在这种叫做约克夏㹴的小犬。

1870年，在萨瑟兰郡犬展后的威斯特摩兰郡犬展上，约克夏㹴第一次以现在的名字出现在了世人的面前。那是安格斯·萨瑟斯在杂志"The Filed"上提出的。当时，有一只非常著名的犬叫"莫扎特"，它在表演大会上胜过了其他种类的犬。由于大多数这种种类的犬都来自约克夏郡，因此，被人们称为"约克夏㹴"，并很快在宠物界传开了。

爱尔兰岛是世界上唯一一个驯养㹴类的地方。几百年来，不同品系的㹴类在岛内生存、繁衍，最终形成了今天世界上所存在的25个品系。

1878年，所有的犬展都将约克夏㹴列入了比赛的犬种。最早的犬展将约克夏㹴按照体重分类——低于2.27千克，2.27千克和2.27千克以上。但很快，体重标准重新定为了1.36～3.18千克。逐渐地体重高于和低于这个标准的犬便很少被记载。

约在1880年，娇小可爱的约克夏㹴便从纺织厂和矿厂中脱颖而出，成为维多利亚时代淑女们的宠儿。与此同时，它们也以迅雷不及掩耳之势登陆美国，成为各界名流富豪的宠物。

约克夏㹴曾生活在社会的最底层

经过100多年的发展，约克夏㹴已经能对抗各种恶劣的环境。曾经是矿工的亲密伙伴，曾经生活在阴暗的环境之中，它们依然能很好地生存。它们还能不顾自己拥有一身美丽的长毛，钻到地下去捕捉猎物，而且从不半途而废。看来，约克夏㹴除了是一个好伙伴，还是一个好猎手，它们有天生的灵性。

约克夏㹴的血统

◆ **约克夏㹴的血统渊源**

约克夏㹴发展的历史不到一百年,确切的起源无法考证。从约克夏㹴这个名字中的"㹴"字我们就可以知道,㹴类是约克夏㹴的亲代之一。从当时的文字记载中,我们可以发现很多关于其血统的内容,经过整理,可以总结出一个最接近于事实的结论。

远在古希腊时期就知道有这种长着长而柔软的毛、有着㹴类体型的犬了,它们的基因决定了今天的约克夏㹴。娇小可人,有着长长的毛发的约克夏㹴也是亨利八世时期宫廷中女士们的最爱。它们的被毛也在那时出版的第一本关于狗的书——《英格兰犬》中有所叙述,作者是亨利国王的医师约翰尼斯·盖阿斯。

另外约克夏㹴也含有玛尔济斯犬、黑褐㹴、曼彻斯特㹴、短脚长毛㹴的血统。初期的品种远比现在的体形大,因为常常选择小型犬配种,结果使体形逐渐小型化了。

◆ **血统证书的作用**

犬的血统证书是由正规合法的犬业俱乐部、协会颁发给繁育者,用以确认其繁育的某一只犬的真实合法身份。世界各地的血统证书不尽相同,但大体会包含以下内容:犬的姓名、品种、性别、出生日、皮毛颜色及其他特征、繁育者和繁育犬舍、该犬的四代直系血亲的详细资料、登录号码、刺青号码、DNA号码、髋关节号码和植入晶片的记录、比赛记录和转让记录。犬的血统证书就像人的身份证,它是判定某一只犬血统、身份的重要依据。在犬业

发展中,血统证书具有相当重大的意义。

首先,血统证书有利于俱乐部、协会的规范管理。其次,血统证书是繁育的重要根据。第三,血统证书有助犬的医疗保健,DNA号码和髋关节号码可以帮助犬主、医生了解犬的先天生理状况。最后,血统证书是犬只销售、转让的必备手续。

约克夏㹴的故事

聪明伶俐的约克夏㹴不仅是人们现实生活中的宠儿,而且在文学作品中也常常崭露头角,给人们留下了深刻的印象。不信你看看下面这些故事,看看可爱的约克夏㹴是怎么表现的。

◆ 享受贡品的约克夏㹴

这狗大概比田鼠轻些,身长则大过田鼠不到两寸,当然,指的是那种大型的佛罗里达田鼠。这故事听来可能有点像骷髅之舞,我们那20多磅重的猫,真的会出外捕鼠,向约克仔进贡。猫的进贡是有规律的,如果有小约克仔,猫就捕捉老鼠或者田鼠;如果我们有大的约克仔,它就捕捉大田鼠。猫回到猫舍之后,就"噗"的一声把贡品丢在地上。

然后你就会听到约克仔的脚步声——出现的一定是母狗,公狗是向来不追捕老鼠的。两三

只母狗如电光石火般地出现,老鼠根本还来不及反应,狗就一个箭步上前,扭断它的脖子。除了扭断老鼠的脖子外,这狗在追老鼠时的速度,在我看来,真是无与伦比,要不是亲眼所见,你大概这一辈子连做梦也不会想到。最令人匪夷所思的是,猫在"猫—鼠—狗"关系中所扮演的角色。猫似乎掌控一切,在完成交易后,就坐在后头用极度的好奇和兴趣的眼光来旁观狗的表演。据我所知,猫在带回这些老鼠后,就不再动它们一根汗毛。

◆ 爱游泳的约克夏㹴

我们也有一只可爱、漂亮的约克仔小淑女,它成天都活蹦乱跳的,而且经常做些有趣的事情。常常把一家子逗得哈哈大笑。你看这不,它又摆着悠闲的姿势,嘴里叼着一支不知从哪里捡到的烟头,那滑稽可笑的样子让人不觉地心生怜爱。它在一个无水塑料胶游泳池里长大的,或许正因为如此,它从出生后就特别爱玩水。当夏季炎热时,它就爱跳进我们

院子里的那个大水盆。至于其他的狗,包括我们家那只顽皮的杜宾狗在内,则对那水盆一点兴趣也没有。但约克仔却能在里头自得其乐,尤其是在里面滑水和咬东西。只要丢一块冰到盆子里,那它还会在里面一边滑水,一边玩冰块,还要做出各种滑稽的样子,常常让我们忍俊不禁。

约克夏梗的犬种标准

约克夏梗的犬种标准是对理想中完美约克夏梗的描述,是经相关国际犬业机构认可的该犬种明显区别于其他犬种的特征,具有权威性。

整体外貌

被毛很长,面部为棕色,从枕部到尾根部是有金属光泽的深蓝色,背部的被毛垂向身体的两侧。身体紧凑,比例协调。高高抬起的头部和自信的神情给人以充满活力的印象。

犬只的身体紧凑,各部位比例和谐

头部

头部小,顶部平。颅骨不突出,不呈圆形。吻部较短,上下颚不突出,牙齿健全。剪状咬合或水平咬合均可。鼻黑色。眼中等大小,不突出,眼睛深色,闪亮,眼神聪明。眼眶为黑色。耳小,V形,直立,两耳距离适中。

躯干

比例协调,身体紧凑。背部很短,背线水平。肩部和臀部的高度相等。

四肢和脚

前肢必须直,肘部即不内翻也不外展。从后面看后肢直,从侧面看,膝关节屈曲。脚圆,爪黑色。后肢的狼爪可以切除。

前后肢直,背线水平

尾

断尾,尾翘起稍高于背部。

被毛

被毛的数量、质地和质量很重要。被毛有光泽,像丝一样,躯干的被毛较长,很直,长度需要修剪至地面,以保证犬的行动自由和外形的整洁。头部的被毛长,可以在头顶部扎一个或两个蝴蝶结。吻部的被毛非常长。耳尖部和脚上的被毛需要修剪,显得整洁。

颜色

幼犬的被毛颜色为黑棕色,直至成年。躯干部的颜色较深。

成年犬躯干为深蓝色,头部和四肢为棕色,这非常重要。

蓝色 是深蓝色,具有金属光泽。不可以是银蓝色,也不可以掺杂浅黄褐色、青铜色或黑色被毛。

棕色 所有棕色的被毛都应该是根部颜色较深，中部和尖端颜色较浅。不可以有黑色的被毛掺杂其间。

躯干的颜色 从枕部到尾根部都是有金属光泽的深蓝色。尾部的被毛也是深蓝色，特别是尾尖部。

头部的颜色 为金棕色，头部两侧、耳根部和吻部颜色较深；耳为深棕色。棕色不可以延伸至背侧。

胸部和四肢 肘关节和膝关节以下为明亮的棕色。

体重

不可以超过 3.18 千克。

AKC（美国养犬俱乐部）的犬种标准，体重：3.18 千克为上限。

FCI（世界畜犬联盟）的犬种标准，体重：1.8~2.3 千克；不要大于 3.2 千克。

约克夏㹴评审图解

通过对各部位进行解析,有利于我们更为准确的理解犬种标准及评审依据。

评分标准

形态及外观	15分	头部	10分
身体被毛颜色	15分	嘴	5分
头部和腿褐色被毛的丰富度	15分	四肢	5分
被毛长度和质量	10分	耳朵	5分
被毛质地	10分	眼睛	5分
尾巴（姿势）	5分		
		总分	100分

部位名称评审图解

掩藏在被毛下的良好的结构与骨架

头部评审图解

正确的头型：头顶扁平，宽幅适中，颈型端正　　不正确的头型：从额段到头顶不具有浑圆感　　不正确的头型：额头凸出

耳朵评审图解

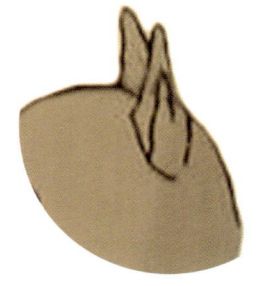  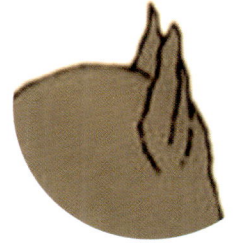

正确的耳朵　　不正确的耳朵　　不正确的耳朵

咬合评审图解

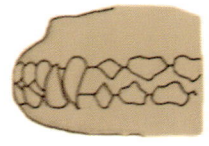 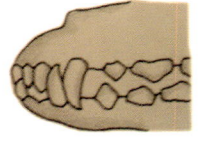 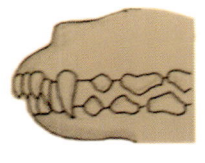 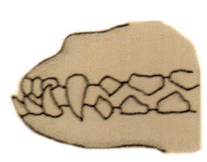

正确的咬合：平咬合型　　正确的咬合：剪咬合型　　不正确的咬合：上颌突出型　　不正确的咬合：下颌突出型

前肢评审图解

正确的前肢：笔直

不正确的前肢：前肢过窄

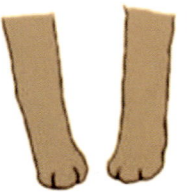

不正确的前肢：肘部突出于外侧

后肢评审图解

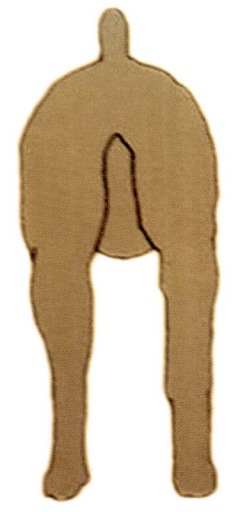
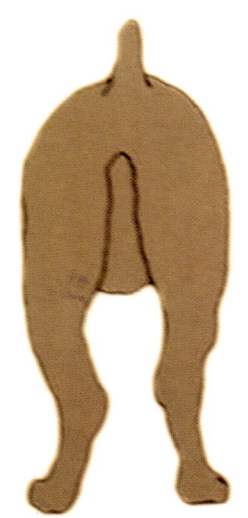
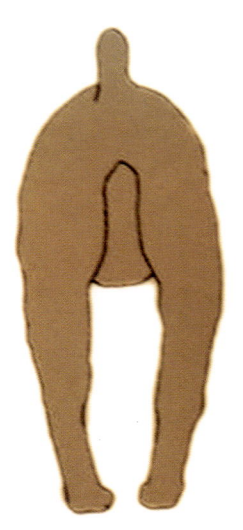

正确的腿型：腰部以下笔直站立，外观端正

不正确的腿型：X型腿，也被称为"母牛脚跟"

不正确的腿型：O型腿，双脚间距过宽

尾巴评审图解

正确的尾巴：尾巴比背线稍高，外观端正

不正确的尾巴：背线浑圆，尾根过低

不正确的尾巴：尾巴稍短

约克夏㹴的参展

如果你想了解约克夏㹴的魅力,你可以带着你的爱犬前去展场观摩、比赛。在犬展上,可以相互学习、以犬会友,从而提高对犬的鉴赏能力及提升自己的繁育水平。

犬展的分类

犬展按级别可分为国际性犬展、全国犬展、区域性犬展及各俱乐部（协会）本部展。这些不同级别的犬展按规模还可分为全犬种展和单犬种展。全犬种展分为运动犬组、猎犬组、工作犬组、㹴犬组、玩赏犬组、牧畜犬组等。单犬种展如约克夏㹴单独展等。

西敏寺犬展 西敏寺犬展起源于一个世纪以前。那时，纽约的一些养犬爱好者经常聚集在西大教堂（西敏寺）饭店举办各种交流活动，并一起组织策划了第一届纽约犬展。现代的西敏寺犬展几乎成为当今世界最高级别的犬种展示比赛，世界各地的名犬都以在西敏寺犬展中夺魁为最高荣誉。

克鲁夫特犬展 鲁夫特犬展是由狗饼干供应商查尔斯·克鲁夫特于1886年首创的英国规模最大、规格最高的全犬种犬展。每届犬展都吸引了全球各养犬俱乐部或协会的参与。

意大利米兰犬展 意大利米兰犬展也是世界上最具特色的几大犬展之一。和其他重要的犬展不同的是，米兰犬展的参赛者除了那些专业的养犬者以外，更多的是业余的养犬爱好者和名犬发烧友。他们之中有来自意大利本土的，也有来自欧洲邻近各国的。

国内犬展 我国的犬展历史较短，上世纪90年代末期方才由个别城市的养犬协会小规模地举行,在全国范围内影响不大。2000年以后,随着养犬业的发展,各大中城市纷纷成立犬协或俱乐部。各协会或俱乐部之间加强了沟通,与国外许多犬协或俱乐部的交流与合作也得到了加强。近两年,北京、上海、成都等地的犬展已成为目前国内规模较大的犬展,也有了一定的影响力。

犬展的分组方法

不同的犬展,它的分组方法也是不同的,犬主必须仔细地查看赛事指南。现在国内犬展一般采用的是美国养犬俱乐部(AKC)和世界畜犬联盟(FCI)的赛事分组,以及各个当地协会制定的赛事分组。如果赛事是按美国养犬俱乐部(AKC)的标准的话,所有犬只分为七大组群;如果是按世界畜犬联盟(FCI)的赛事分的话,所有犬只分为十大组群。在此基础上,同犬种又分为公、母两组,然后依月龄的大小又分为幼犬组(3~6月龄、6~9月龄)、青年犬组(9~12月龄)、成犬组(12~8月龄、18月龄以上)数组。国内大多数的犬展赛制都是组织者根据AKC和FCI赛制结合实际情况设立的。

单犬种展分组方式有许多种,但通常是分公、母两组,而后又根据月龄大小分为特幼组、幼小组、幼犬组、未小组、未大组、冠军组数组。

> **相关链接>>**
> **犬展常用术语及英文缩写对照**
>
> | | |
> |---|---|
> | BIS | 全场总冠军 |
> | RBIS | 全场后备总冠军 |
> | BPIS | 全场幼犬总冠军 |
> | BJPIS | 全场特幼犬总冠军 |
> | KING | 最佳公犬 |
> | QUEEN | 最佳母犬 |
> | BIG | 犬组群冠军 |
> | BOB | 单犬种冠军 |
> | BOS | 最佳相对性别 |
> | WD | 单犬种优胜公犬 |
> | WB | 单犬种优胜母犬 |
> | BOW | WD和WB之中的获胜者 |
> | BISS | 单独展的全场总冠军 |

裁判会从局部到整体进行全面评价

裁判审查方法及要点

参展者按组别凭号码牌入场后。先依次进行个别审查,由评审员对参展犬只逐一检查其牙齿、咬合、骨骼、睾丸等是否健全,是否具备参赛资格后,再作比较审查。由指导手牵引参展犬只绕行审查场,进行步容、立姿、秉性及动态、静态等审查。除了根据各部分标准来评分外,尚要注重整体的均衡及动态的美感,来决定谁能从中胜出。

参展前的训练

如果你想让爱犬在赛场上取得好成绩,就必须在赛前进行针对性训练。

当你初次套上牵绳时,它会因为不习惯而挣扎,你可以用食物来诱导它,这样很快地它就能和你配合,而习惯让你牵着走了。这种训练最好是选择饿着肚子的时候教,效果最好。

刚开始训练时,当你喊一个口令,例如"定",它可能不知道你要它做什么,而仍然低着头不理不睬时,就要用力地扯一下牵绳,以引起它的注意,使它把头抬起来看着你,这时你就将食物递给它,并且称赞它。如果它跳起来,或站立起来时,你就把牵绳往下扯,并斥责"不行",并把食物拿开,等做对了再给它。如此重复训练,几次以后它就会明白你的用意,并愿意配合,这时你可以慢慢地把它"定"的时间加长,并且开始调整姿势。首先试着在"定"的时候弯下腰用手扶着它的尾部,让它习惯你的这个动作,然后试着抬一抬它的后躯,把后肢的位置摆好。一般这种训练可以在你牵走的中途停下来做一下,这样在赛场上更容易配合。另外要注意的是在

"定"的时候,要使犬和你的距离不要靠得太近了,最好有1~2步的间隔。如果它靠得太近了,你可以弯下膝盖,顺势把它顶得后退一点,或者它站得不好时也可以让它转个圈重新来过。

在个别审查时,摆在桌上的姿势是很重要的,因此桌上的训练要越早开始越好(大约2个月前即可开始)。

首先把犬抱到桌上,用右手托住它的下巴,左手把两脚之间的臀部托住,让它习惯站在桌上。如果它很害怕,一直想蹲下或趴下时,要轻声安慰它,给它鼓励,让它习惯,然后再调整四肢的位置。如果前肢站不好,可以用右手将前肢托起后再重新放下,然后看位置是否正确,如仍一前一后则再重复一次,并对后肢关节进行适当调整,把尾巴扶住,就可以把姿势摆好了。这是桌上训练的方法。刚开始你可能做得不顺手,多做几次后,相信出场时你就能得心应手了。

如果你的爱犬是一只很活泼、胆子很大的犬,放在桌上以后不能安静,那么你就抓着它的尾部,将它放到桌子边缘,让它的前脚踏空,或后脚踏空,使它觉得如果不安静就会有掉下去的危险,它就会安静下来。

如果你的爱犬很胆小,套上牵绳半天都不敢动一下,甚至一直发抖,怎么都不肯走时,那么你就该放弃它,它是不适合参加犬展的。

定姿训练

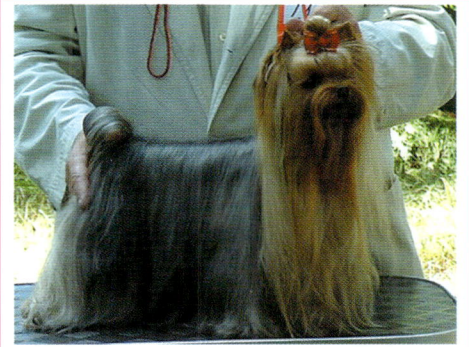

赛前的准备

A. 参展犬在赛前已预防接种,不然易感染传染病。

B. 赛前应请专业美容师按展示型进行精心修剪。

C. 犬体的修剪及整毛应于赛前 1 星期完成,应让修过的部分显得较为自然而不留刀痕。

D. 在外地参展,应提前 1 天到达,以缓和疲劳。

E. 犬展当天应提早到会场,在阴凉处休息,避免日晒过度。

F. 参展当日犬只可食量减半,以免参展中途呕吐而影响精神。

G. 准备犬只饮用水及其训练用精美食物。

H. 做好赛前准备工作,适应会场环境。

I. 不要殴打或恐吓它,以免其怯场。

J. 犬主保持轻松,并注意服装的整洁及保持个人风度。

赛前必须进行美容护理

定姿审查

当审查开始时,就要做个别审查,此时你就要把犬放在审查桌上,摆好姿势接受审查。指导手要以最完美的方式在最短时间帮助约克夏㹴做好定姿动作。将一只手放在犬的胸下部以抬高前端,然后将手移至颈部以使其做出正确的头部姿势,同时另一只手尽可能地调整后腿和尾巴,要像是爱抚狗而不是摆布它。轻触狗的最后一根肋骨下方,能使它收紧腹部肌肉,以达到最佳效果。摆姿势的具体动作顺序如下:

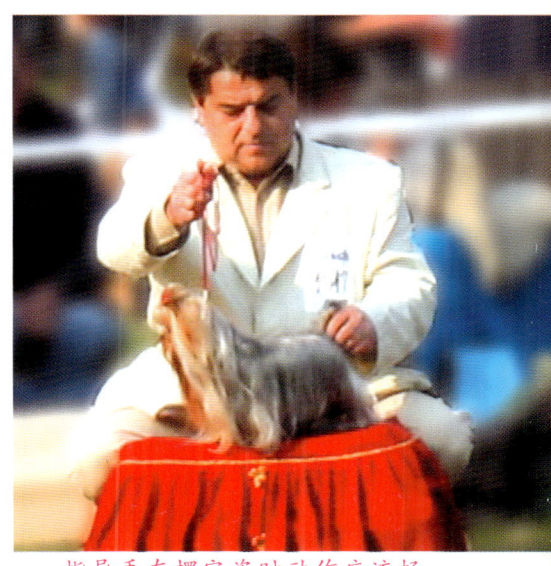
指导手在摆定姿时动作应流畅

A. 把犬抱到桌上,指导手将牵绳的另一端盘在手上。

B. 用右手托住犬的下巴及前胸。

C. 用左手托住犬的后躯,把两腿之间的臀部托住,让其四肢平踩在桌上。

D. 如前脚站得不好,要调整时,应用托住下巴的右手,将两脚的距离排好后由前胸托起后再放下,看看位置是否理想,如仍不好则再重复一次。

E. 如后脚站得不好时,则用托住后躯的左手,将犬由两腿之间的臀部托起后再放下,如仍一前一后或呈牛肢状或O型时,则再重复一次,并可用手把后肢关节拉成适当的角度。如你的爱犬背线不良或中间拱起,则可把后肢的立足点拉离前肢远些(拉得后面一点),这样可以使背线较直,也可使前肩胛骨看起来较高。

F. 待四肢的位置正确之后,用左手轻轻地扶着尾巴,右手轻托下巴,就可以把桌上的姿势摆好了。

参展犬应表现出高度的自信,狗的气质风度是展览评判的决定性因素,良好的风度来自良好的调教。

步姿审查

在步姿审查中裁判希望看到的是步伐从容轻快、有弹性的犬。调教者有责任提供足够的空间和自由,让狗以正确的姿势跑动,同时自己行动时也不能阻碍狗。调教者必须选择跑动的线路,指导手应该先熟悉场地。

要使狗的步法达到最佳效果,需要先测定其小跑的速度。在家中练习时,可以请有经验者在一旁辅导。确

从进场的那一刻起,比赛就已经开始了。裁判会评判狗进场和离场时的动作,这时需要以较为缓慢和更"泰然自若"的小跑,并记住要让狗沿着直线跑动。皮带过紧可能会使得脚步摇晃和后脚向外摆出,应特别注意。

定犬的正确步幅和皮带长度是非常重要的。最优秀的指导手和犬一起在场中表演时,会如隐形人般,让犬看起来似乎是完全自由地行动。实际上,这

也是所有调教专家追求的目标。

虽然指导手与犬应以和谐方式跑动,但要当心跑动时不要模仿犬的步法,因为犬可能会很自然地开始模仿你,并采取类似踩高跷的动作。也可能需要快步行走或疾走,疾走时需要足以胜任的指导手,才能让它们正确地跑动。在跑动时,要确定前面有足够的距离,以使你的参赛犬不会被迫缩短步幅。

不同赛场牵犬技巧

I字形的牵走 所谓I字形就是从原点出发走直线,至终点后做180°的旋转再回到原出发点。这也是做个别步容或姿态审查时用的方法。这种走法主要便于审查员观看犬的后肢,及前肢的步容和架构。如果你的爱犬后肢较弱,就要把牵绳放松一点,让犬的重心前移,就会改善许多。走直线时步容要轻快,速度适中,配合指导手的步伐,犬不要离开人太远或靠得太近。到终点旋转时,指导手应以单脚固定,以另一只脚旋转,犬在人的外侧绕圈旋转。如犬走得慢时,指导手可以配合走小步一点。旋转后审查员

开始注意犬的正前面走姿,要注意犬的头部,不要让它低着头像老牛拉车似的步容。另外出现牛步时,牵绳可以一松一紧地控制,来改善它的牛步。四肢均衡的犬,牵绳不要过紧,否则容易使前脚踏空,前肢踏空时容易有交叉步容出现,应尽量避免。旋转后,步行至审查员前一米处时应停止,并把姿势摆好。

三角形的牵走 走三角形的赛场,主要是审查员要看犬的侧面步容。此时要昂头挺胸且活力充沛地快步前进,在转弯时指导手应大步急转,以跟上犬的步调。遇上活力充沛、动作灵活的犬时,可以用l字形的转弯法,以免犬走得过快而扰乱步调的和谐。

圆形的走法 一般圆形的走法是以逆时针的方向做全场的牵走。一般此种走法大都是整组犬一起走,做比较审查时使用较多。或整组犬出场后,个别审查之前或之后绕行整个赛场,以做比较审查。由于是整组犬一起走,因此要注意保持彼此的距离,并依审查员的指示,慢慢地加快速度,以最美、最和谐的步伐前进。走得较

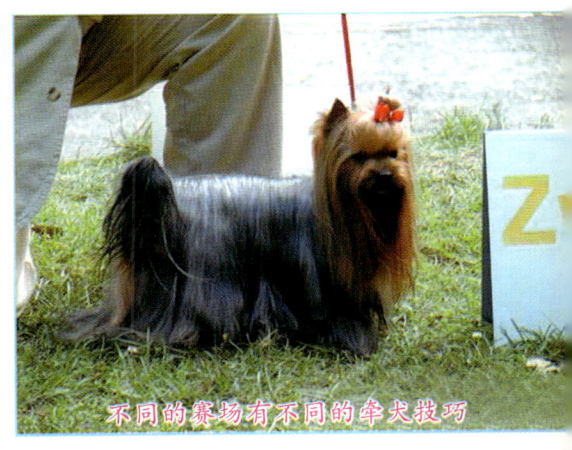

不同的赛场有不同的牵犬技巧

慢的犬可以较靠内,速度较快的犬可以走外侧或者慢点出发,以保持适当的距离。如审查员示意停止时,立即摆好站姿,把犬"定"起来,并随时注意审查员的视线,调整方向,以完美的侧面"定"姿对着审查员,切记不可把犬的屁股朝向审查员,否则即使你的犬"定"得再好,也会被扣分。

> **专 家 提 示**
>
> 指导手可以是犬主自己,也可以聘请专门的牵犬师。爱犬越接近标准,则获胜的可能性也越大。但没有一只犬是绝对完美的,因此指导手就要把犬的优点表现出来,而把缺点用技巧掩饰起来,让犬只在审查员面前呈现出最吸引人的秉性与气质,从而获得好的成绩。

指导手的赛场礼仪

接受评审时 在个体审查时,不能对评审讲话,但是要行注目礼。除此之外,要始终保持用正面面对评审。

调换位置时 当评审要调换位置时,要从其他人的后面向前走,并与其他狗保持距离,以示尊重。

开始起步时 当评审要求全体人员共同跑环形路线时,处于第一位的人应该与最后一位做示意性的沟通,当确定最后一位已经准备好时,才开始起步。

等待审查时 等待审查时要跟前面的狗保持一定距离,原则上,无论体形大小的狗,至少要保持2倍于犬只身长的距离。

比赛结束时 比赛成绩得出时,应该主动向获胜者表示祝贺,向评审表示感谢。

无论任何时 无论任何时候,都要保证自己的狗不要接触到别人的狗,并且要尽量确保自己的狗不要影响到其他狗的状态,这是比赛中的原则。

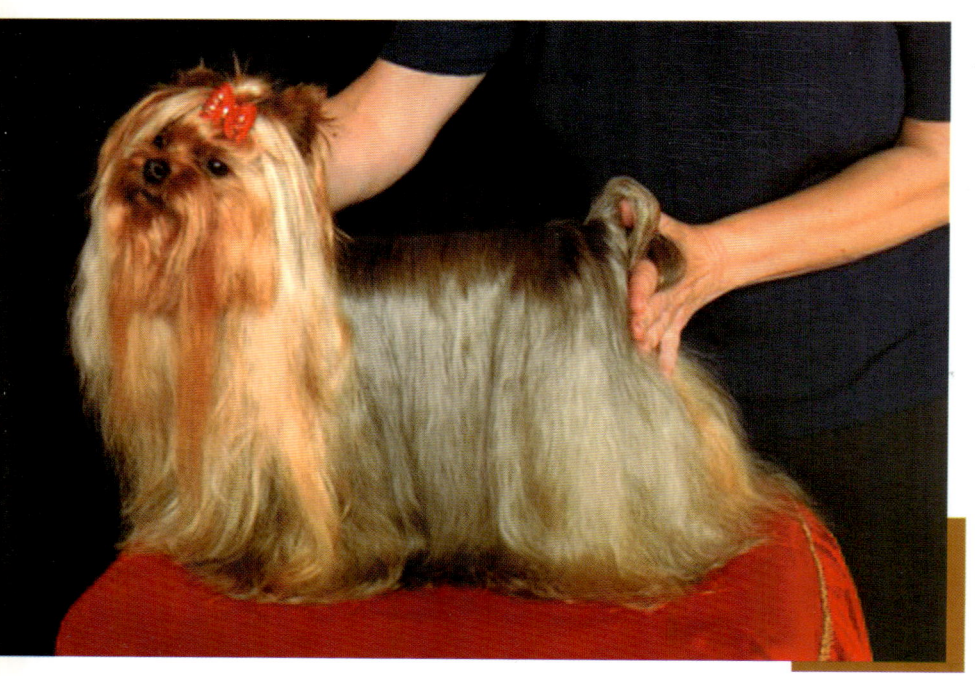

指导手的着装

上场比赛,指导手必须要穿正装,这也是对比赛的尊重。一个有经验的指导手不但可以从着装上体现美感,展现自我,更能够用服装去衬托参赛犬的魅力。

服装的颜色要衬托狗的线条 约克夏㹴体型小,且被毛闪着金色的

指导手的衣服应衬托狗的线条及气质

光泽。所以指导手衣服颜色的应选择较为淡雅的素色来反衬狗狗的高贵。上场时,不要穿太花哨的服装,否则,就会影响评审的视觉效果,让人感觉狗的线条和轮廓已经被同样的颜色所模糊了。

着装满足比赛需要 就是指你的服装要尽可能的为比赛服务,合适的着装可以让你行动自如。不能穿太长的上衣,否则飘动的下摆会影响约克夏㹴的注意力。最重要的一点是在服装的右侧一定要有一个较深的口袋,这个口袋可以放置一些必备的物品,例如整理长毛狗的排梳,吸引狗的诱物等等,要保证这些东西在跑动的过程中不会掉出来。

着装体现个性 虽然是穿正装,但是也要包装自己,展现个性魅力。例如在样式、颜色、细节上可以融入时尚细节,让观众和评审对你过目不忘,这样就能让更多的人对你和你所带的犬只留下深刻印象。

全场总冠军之路

BEST IN SHOW 就是"全场总冠军"（简称 BIS）。BIS 是聚光灯下的荣耀,是犬展中的最高荣誉,是参展者追逐的梦想。

接近标准 评审比较狗的优劣,最基本的方法就是给狗打分,而越接近犬种标准的狗得分就会越高。当几个不同的犬种在同场竞技的时候,评审依然是打分。越是接近自己标准的犬得分就会越高,最后获胜的机会也会越大。

培养管理 其实有很多具备参展素质的幼犬,没有拿到好成绩的原因并不在于它们本身的素质,而是缺乏良好的培养和科学的管理。管理是一个非常细致入微的工作,也包含很多非常专业的内容,如营养、美容、运动、以及日常生活中很多习惯的培养,样样细节都不能疏忽。

科学训练 一只外形条件非常优秀的狗,如果缺乏训练,也难以在赛

场上展现出自己的气质和精神状态,最终也很可能会被淘汰出局。参展犬的训练科目不只包括牵引随行和摆姿势,对于参赛狗来讲,游戏和玩耍也同样非常重要,这对狗的亲和力、信心的培养非常有利。

参赛美容 参展犬的美容和宠物犬的美容有很大区别。参展犬的美容,除了能让狗保持清洁、漂亮的外观之外,还要根据每只狗的特点,考虑到如何掩盖修饰它们的不足之处,使它们看上去更加接近标准。

比赛环境 这个环境所指的是人文环境。标准是一把尺,在不失公正的情况下,评审根据个人的偏爱来决定比赛的成绩,是无可厚非的。对同一组犬,来自不同地方的裁判有时会得出不同的结果。既然报名参加犬展,就意味着要接受比赛的结果,并且尊重评审的决定。

临场发挥 在犬展中,经常会出现两只狗在外观、美容上水平都比较接近的局面。这个时候,指导手就成为了决定胜负的重要人物。一名优秀的

指导手,他可以利用丰富的经验、敏锐的思维、细致的观察来调整狗的状态,调动狗的情绪,掩盖狗的缺陷;以优美的姿态,轻盈的步伐,高超的技巧去展现一只狗最完美的一面!

怎样完成冠军登录

在AKC制度下,犬只要完成冠军登录,得到CH头衔,必须得到15个积分。这15个积分中必须包括两个组分(Major)。组分是指在一场比赛中得到3分、4分或者5分,而这两个组分必须是不同的审查员颁发的。这种状况下,积分达到15分就可以完成冠军登录。

举例来说:如果一只狗得到15个1分,依然不能完成冠军登录,而完成冠军登录的最高等级,是得到3个5分,最低等级则是得到2个3分加上9个1分。

虽然都是完成冠军登录,但上述两种完成的方式可以客观地反映出犬只的实力和素质。

约克夏㹴的选购

想拥有一只健康、活泼的约克夏㹴,选购前应作必要的了解。选择它就得照顾它的一生。

购犬前应考虑的问题

选择饲养约克夏㹴,是一个较为重要的决定。因为我们要为一个新的生命负责任,而且要一如既往地给予它关怀,直到它生命的终结。一旦选择饲养,便万万不可以凭着自己的情绪将它抛弃。

因此在购买之前我们要先问问自己下面几个问题。如果你都能肯定回答,那你便可以采取行动了,反之便绝对不可凭着一时的冲动行事。

A. 家里有人一直并且有规律地喂养它吗?能坚持训练你的爱犬吗?约克夏㹴是喜欢和人相处的狗,它会很害怕孤单,如果你能偶尔带上它去外面散步,那便是再好不过的了。

B. 所需的各种费用你能够负担吗?不仅仅是在食物、美容上面花费,还有每年的防病费用、突然而至的兽医账单。

C. 如果全家外出旅游,那你可不能够忽视你的约克夏㹴。如果你不打算带着它一起旅行的话,一定要给它安排一个相对安全的地方,比如是犬舍或者你朋友的家里。千万不要把它独自留在房间里,即使你给它准备好了几天的食物也是不可以的。

一旦选择拥有约克夏㹴,就要对它的生命负责

确定购犬的地点

一定要切忌从那些小贩手中获得约克夏㹴。因为它们是不能给你一个完善的服务。当然更不要说售后服务了,也许连个人影都找不到。

因此,最好到有执照的专业饲养者那里去购买。他们专门从事繁殖约克夏㹴,是犬的展示者。他们通常都会给你以专业的饲养方案,而且,在购犬之后,你还可以获得长期的咨询服务,你完全不用担心在喂养过程中遇到难题而没有人可以帮助你解决。

准备必备品

狗屋 约克夏㹴需要一个安静的角落,一个舒适的狗窝。狗窝可以从专业的宠物店买;也可以利用纸箱自己裁剪,然后再在里面垫上松软的旧棉织物等。

玩具和咀嚼物 约克夏㹴需要一些结实的玩具、人造骨。因为它的某些习惯很像小孩子,在它长牙的时候很喜欢去咬东西。但需要注意的是,所有的东西,都不能过小,以免让它误食下去。

食器和便器 在约克夏㹴到来之前就要将这两个器具准备好,因为它一来到新家,就会马上用到。一般的宠物店里都有卖。购买时,要注意选择坚固的、不容易损坏的。当然,不锈钢材质的是最好的选择。切记不要选择玻璃或者陶瓷的材质,因为一个不小心,就可能将其打碎,碎片容易划伤它。

洁具 包括刷子、梳子、剪刀、电吹风、清洁剂等。刷子以猪毛刷为好,宜用稍长而硬度中等的毛刷。梳子以金属梳为好,宜选用粗齿梳。剪刀用于修剪犬的被毛;清洁剂供犬洗澡用。此外,还要常备一些药用棉、纱布、消毒药、3%碘酊、紫药水及抗生素药膏等。

注意犬只的品质

选购约克夏㹴时,最好找信誉良好的育种者。大部分信誉良好的犬主,会在它出生8～10周就开始准备出售,12周大是最理想的。宠物型的幼犬比参赛型的便宜。若你想要的是参赛的犬只,最好等它9个月大后才购买,因为那时的毛色比较稳定,而且它在展示方面的特征才会显示出来,尤其是8周大的约克夏㹴和成犬的长相,实在不大相同。

约克夏㹴天生拥有长而柔软的被毛,颜色多为深蓝色和金黄褐色。不过长大后,因为胎毛的脱落,色泽会稍微改变,所以当你购买幼犬时,这是无法预知的。大部分的约克夏㹴仍保有原来的色泽,但有些会变成略淡和银灰色,虽然这对展示型而言是不利的,但如果你只是要它来当宠物的话,外在的色泽并不会影响到它的品质。

约克夏㹴出生时是黑色的,而且脸部四周和脚上黄褐色的痕迹清晰可

辨,不过,不要因为这样就认为是宠物品质差的种类。实际上,它们还是一样聪明、健康又可爱。好的育种者会尽量把有瑕疵的约克夏㹴幼犬拿来出售,因为它们并不适宜再育种。而这些瑕疵往往是十分轻微的,而且它的最后体型大小或颜色都不妨碍它成为吸引人的宠物。

查看健康状况

当你必须从一窝约克夏㹴幼犬中作选择时,不要被那些害羞蜷缩在角落的幼犬所吸引。相反的,选择一只体型较中等,活泼外向的较好。接下来要作一番仔细地评估,下面是可供你作参考的指标:

总体外观 身体健康的约克夏㹴看上去就很活泼,乐于和你一起玩耍。约克夏㹴属于微型犬,但它总是精力充沛的样子,几乎随时想出去遛一遛。

被毛 长而直,光滑柔软,富有光泽。无皮屑、无异味。

眼睛 眼睛应该是黑亮、机警的,除了内眼角的少量的"睡觉产物"以外,没有其他的分泌物。

鼻子 它的鼻子通常发凉而潮湿,没有鼻涕,但有一些少量清凉的液体是很正常的。

口腔 健康的犬只口腔是清洁湿润的,黏膜呈粉红色,舌头鲜红,无舌苔,无口臭,犬嘴呈闭合状。如果有口臭,便可知其牙齿有病或者消化道有问题。

耳朵 耳朵直立,并且覆盖有短毛。耳内呈粉色或灰白色。耳朵光滑而柔软，应没有蜡状物，也不要有异味。狗不会常常搔抓耳朵或摇头。

尾巴 断尾，被长毛覆盖着，保持比背部低的状态，尾根高。

四肢 四肢强健，即不向内，也不向两侧弯曲。跑动动作自然轻快，无跛行现象。

肛门 健康的犬只肛门是紧缩的，周围清洁且无污染物，粪便软硬适度成条状。当患有痢疾等消化道疾病时，常见肛门松弛，周围污秽不清。

专家提示

要注意观察约克夏㹴有没有遗传性的毛病。有的繁育者为了保留犬只品种的优势，或者为了突出犬只身上的某些特点，常常将犬只进行近亲繁殖，最后导致近亲繁育所引起的遗传性毛病。比如，约克夏㹴容易患多泪症、肾脏疾病等等。另外，除了生理上的遗传毛病外，不能忽视的还有性情上的遗传毛病。比如，犬只情绪极其不稳定、狂吠等等。

检查灵活性

进行了上面几项检查后,便可以确定你所选择的约克夏 㹴的健康状况是符合要求的。为了更进一步地了解犬只的情况,最好还应检查一下犬只的灵活性。

为了知晓约克夏 㹴幼犬的反应是不是敏捷,可以先让它看一下某物体(毛巾或者皮球),然后将该物体在它的视线内向上抛起几次,注意观察它此时的反应。一般较为灵敏的犬只的视线会跟着你所抛物体的移动而移动;反之,便会目光呆滞,没有反应或者反应迟缓。

还可以用手轻轻地提起约克夏 㹴的颈部。如果它安静、不挣扎则好;反之,说明它是难以教化的。

约克夏㹴与丝毛㹴的区别

◆ **区别一：体型**

约克夏㹴 成犬体重不超过3.2千克。

丝毛㹴 理想体重在3.6~4.5千克之间。

◆ **区别二：被毛**

约克夏㹴 被毛全身覆盖长而直，长度及至地面。

丝毛㹴 被毛稍约克夏㹴短，不垂地，面部和耳部没有长毛，尾部没有长的装饰毛。

◆ **区别三：头部**

约克夏㹴 吻部较短，耳距适中，剪状咬合、水平咬合均可。

丝毛㹴 颅部较吻部稍长，耳距稍开一些，剪状咬合。

约克夏㹴

丝毛㹴

约克夏㹴的修饰美容

约克夏㹴被毛柔顺,质感颇佳,日常的美容修饰极为重要,只有这样才能将约克夏㹴的魅力完全展现出来。

经常梳理毛发

约克夏㹴有着一身长长的毛发,给人一种高贵的感觉。要想使它的高贵气质长期存在,经常给它梳理毛发是必不可少的功课。

梳理时要按照一定的顺序进行。从头开始梳起,然后梳脖子、脚、背部、腹部、尾巴。当你经常按照这样的步骤进行时,就不会有遗漏的地方了。要注意顺着毛发生长的方向来梳理,并尽量在室外进行。如果要在室内进行,最好在地上铺上毛巾或者报纸,这样才不会把地板弄脏。

护理趾甲

成犬每月要修剪1次趾甲,幼犬则为每周1次。当其趾甲在站立时会触及地面时,就应该加以修剪。

修剪方法 用左手把脚掌握住,拇指在上,其他手指在其脚垫下,这样可以把脚趾头一根根分开。用右手拿趾甲剪,朝趾肉外的趾甲剪下去,以直角剪掉趾甲。这时要注意有毛细血管和神经管的趾甲根部。万一剪到肉时,放下趾甲剪,左手继续握紧脚趾,撒上止血粉,然后按压1分钟,再放开检查是否已止血;如果没有,再反复施药,直到血止住为止。剪完第一只脚后,要用锉刀磨一下趾甲面,以免其尖锐的趾甲不小心刮伤你。然后继续完成其他脚趾的修剪工作。犬脚趾间的毛长得又快又长,如果不处理很容易打结,而且会把脚趾头撑开。要用电动推剪把趾间长毛修除干净。

注意事项 在修剪犬趾甲时,一定要先备妥止血粉,万一剪过头而流血,才能及时为其止血。为了让犬的脚趾头看起来漂亮,务必把趾甲修到最短。因为若任其自由生长,其血管也会跟着长,以后就非得剪到血管才能再让趾甲变回理想长度。尤其是参加比赛的犬,一定要经常修剪趾甲,而且最好用电动的磨趾甲器,既可以每天使用,又可以修得很漂亮。修剪趾甲时要注意观察脚掌,脚掌的掌纹之间有时会发现寄生虫之类。为让犬适应被主人剪趾甲,应该自幼犬时就养成每周修剪的习惯。

清洁眼睛

不同犬种眼睛间距大不相同,眼睛间距宽使犬能够看到侧面。犬有两个明显的眼睑,上眼睑和下眼睑。上下眼睑间距较大,颜色较深,睫毛浓密。眼睑外层覆盖着毛发,内层是结膜,一层粉红色薄膜,眼腺在眼睑下方,分泌泪滴滋润角膜。泪管在眼睑内角,通向鼻沟。犬有第三个眼睑,眨眼薄膜,大多藏在下眼睑下方,可作为眼睛防风挡水的膜,除去异物。

清洁方法 当眼睛中出现炎症或有眼屎时,美容师先洗净自己的双手,好好消毒,用温开水或用温水或浓度为2%的生理盐水浸湿棉花或纱布后轻轻擦拭。拭去眼睛内侧和眼下皮肤的污物,切记绝对不可以碰触到眼球。把下眼睑稍稍拉下操作会更方便。看到瞬膜时,绝对不能把它去除或往里塞。眼球、结膜上的脏物和灰尘滴清水冲洗即可。

注意事项 如果症状严重,应咨询兽医,在兽医的指导下使用含有抗生素的眼药膏或眼药水。眼睛的毛脏了,可以用专用的去污剂。

清洁牙齿

牙齿如果有牙石附着,会引起牙龈炎、牙疳等疾病。为了让犬更健康,刷牙工作至少每周2~3次。帮狗刷牙要从小开始,使用一般牙刷及狗专用的牙膏来帮狗刷牙,不要用人用的牙膏,以免狗会生病。经常刷牙可以让狗的牙齿洁白,降低口臭发生率,去除牙菌斑,防止牙垢及感染口腔疾病。刷牙的方法如人刷牙一般,上下里外全刷到。用一只手轻轻地把嘴掰开,然后用纱布上下按摩牙齿和牙龈。待犬习惯了以后,可以再换用幼犬用的牙刷。为了不形成牙石,要尽早除去牙齿上的残留物。为了去除牙石,可以用成人牙刷蘸取碳酸钙粉末,每月2~3次在牙齿与牙龈之间来回刷,这样效果比较显著。根据牙齿及牙龈的状态,有时也能用钳子等工具去除牙石。如果牙垢已经产生,应请兽医师清除。食用颗粒状狗食有助洁牙;罐头狗食及软性狗食品较容易产生牙菌斑;嚼食硬的狗饼干与咬洁牙狗玩具也可帮助牙齿健康。

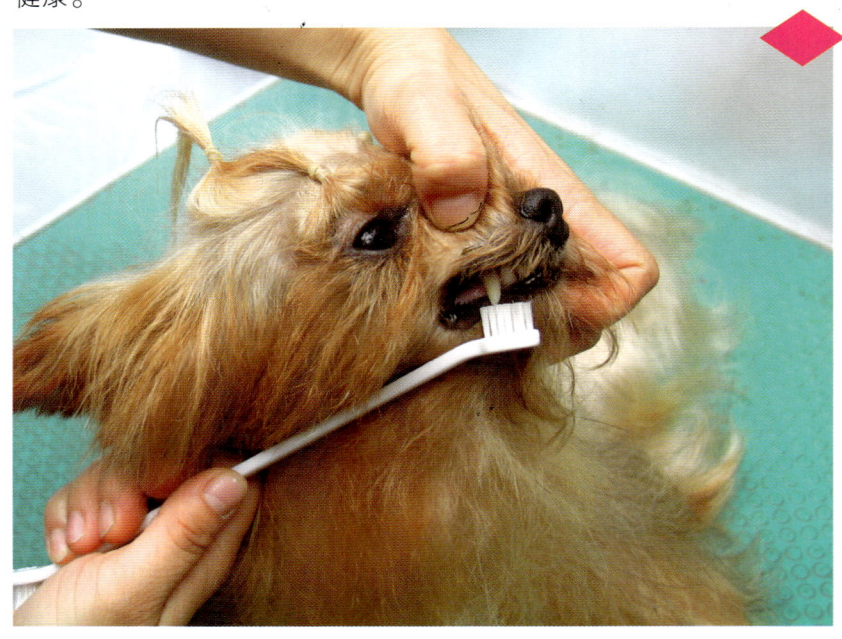

清洁耳朵

　　用棉球或夹棉球的钳子、镊子清洁耳朵。开始清洁之前,先让爱犬保持冷静并放松。按照耳洞的大小,把适量的脱脂棉花缠绕在钳子上。涂在脱脂棉花上的耳朵清洁剂最好选用液体状。清洁剂除了能蘸取污物之外,在保护皮肤上也能起到作用。耳朵清洁剂能够有效地清除附着在耳道内的污物。耳朵内部必须保持干燥,所以希望能够使用挥发性液剂,但不能用酒精擦拭。用手指压住脱脂棉花的同时旋转钳子,在确认脱脂棉花已经牢牢包裹在钳子的前端后,轻轻地擦去耳内污物。清理工作只在眼睛看得见的范围内进行,只能擦拭外耳和耳内毛,再往深处不要去碰触,工具不能碰到内耳。清洁时不能用力拉长犬的耳朵。

洗澡

　　洗澡时轻轻揉搓,清洗面部时要小心,别让香波进到眼睛里。冲洗到没有残留香波为止,然后给犬的全身涂护发素,过几分钟后冲洗。最后冲洗眼眼与眼睛周围的毛发。记得用浴巾擦干水分,这样可以缩短吹干的时间。为了避免损伤毛发,在擦干时以固定的方向擦拭。帮狗狗洗澡后,接下来就要立刻吹干,否则不但有可能感冒,甚至可能引发微菌、皮肤病。

修剪

 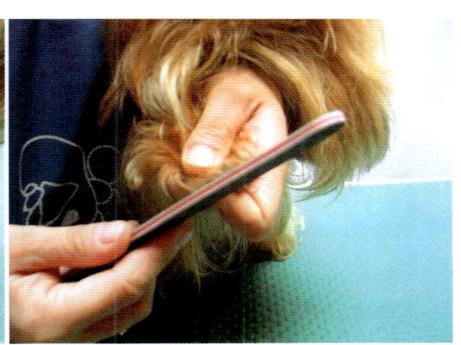

A、修剪趾甲。　　　　　　　　　　　　B、将棱角处用趾甲锉磨平。

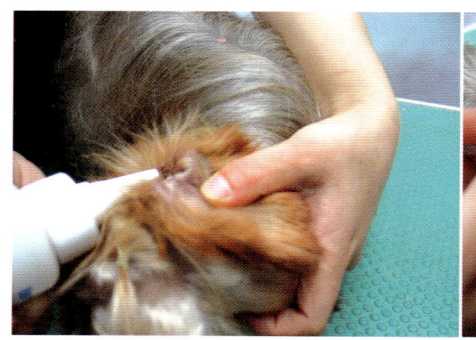

C、上耳粉。

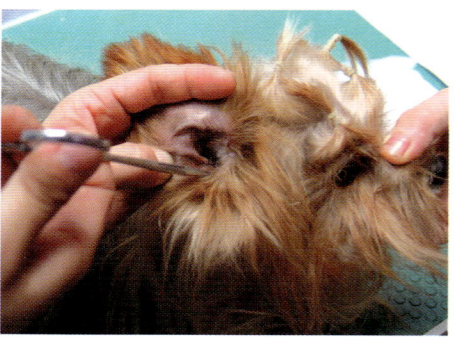

D、用耳钳夹拔耳内绒毛。

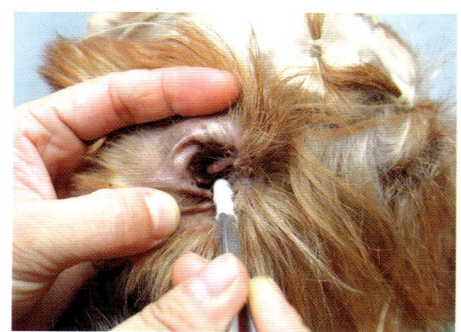

E、清洗耳朵。

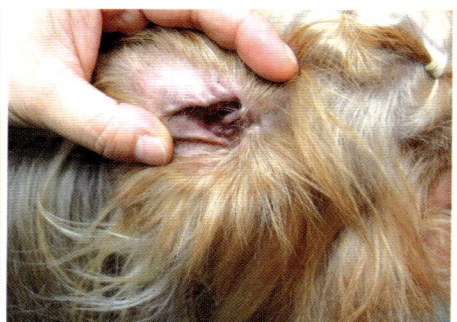

F、耳朵清洗干净。

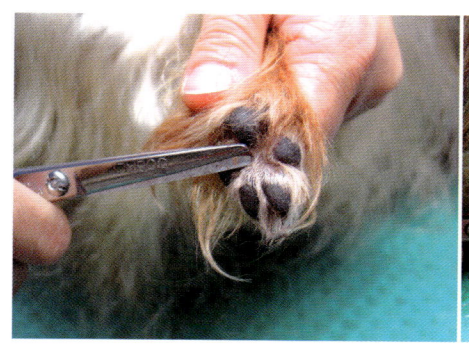

G、用小剪把脚底毛修剪干净。

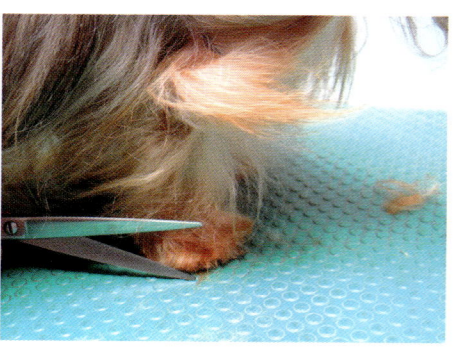

H、把脚边修圆。

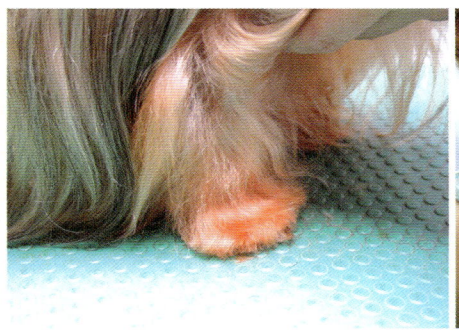

I、脚边修剪完毕。

J、肛门处杂毛修剪。

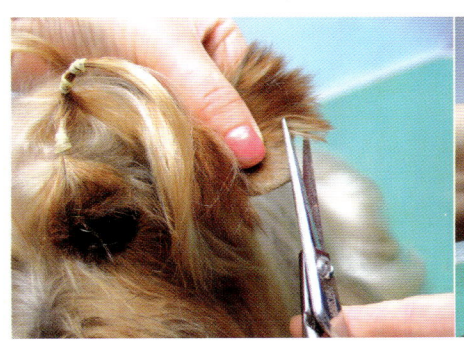

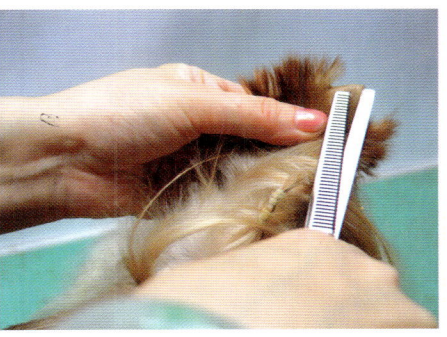

K、用小剪修剪耳朵，修剪1/3。

L、修剪部分用牙剪打去多余的毛。

M、修剪后的效果。

→N、用分界梳从尾部到枕骨分成一条直线，用柄梳把两边毛梳顺。

O、把毛夹直。

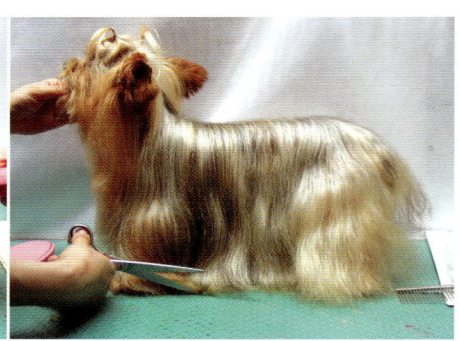
P、修剪裙边。

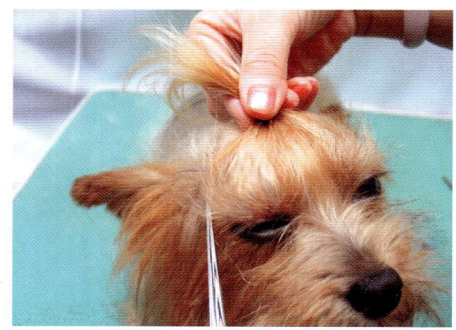
Q、扎辫子。

R、扎上蝴蝶结。

S、美容完毕。

约克夏㹴的饲养管理

约克夏㹴年幼时、成年时以及老年时的日常管理是有区别的。只有针对性地进行科学的管理，才能使它健康成长。

约克夏㹴所需的营养成分

水 水是犬的营养物质之一。成年犬躯体约含有60%的水,幼仔犬的比例更高。体内所有的生理活动和各种物质的新陈代谢都必须有水的参加才能顺利进行。当犬体内水分减少8%时,即会出现严重的干渴感觉,食欲降低,消化减缓,并因黏膜的干燥而降低对传染病的抵抗能力。长期饮水不足,将导致血液黏稠,造成循环障碍。当因缺水而使体重消耗20%时,可能导致死亡。因此,必须给犬提供充足的水。在正常情况下,成年犬每天每千克体重约需要100毫升水,幼犬每天每千克体重约需要150毫升水。高温季节、运动之后或饲喂较干的饲料时,应增加其饮水量。实际饲养中可全天供应饮水,任其自由饮用。

蛋白质 蛋白质是犬生命活动的基础,是体内除水分以外含量最多的物质。蛋白质是犬最重要的营养物质。构成蛋白质的基本物质是氨基酸,约有20多种。蛋白质或某些必需氨基酸供给不足,会使犬体内蛋白质代谢变为负平衡,引起食欲下降、生长缓慢、体重减轻、血液内蛋白质含量降低,抗体的形成受到影响,使免疫力降低。公犬精液品质下降、精子数量减少。母犬发情异常、不受孕,即使受孕,胎儿也常因发育不良而发生死胎或畸胎。但过量饲喂蛋白质不但造成浪费,也会引起体内代

谢紊乱,使心脏、肝脏、消化道、中枢神经系统机能失调,性机能下降,严重时发生酸中毒。一般情况下,成年犬每天每千克体重约需4.8克蛋白质,而生长发育时期的幼犬约需9.6克。

脂肪 脂肪是机体所需能量的重要来源之一。犬体内脂肪的含量约为其体重的10%~20%。当脂肪缺乏时,可引起严重的消化障碍,以及中枢神经系统的机能障碍,出现倦怠无力,被毛粗乱,缺乏性欲,睾丸发育不良或母犬发情异常等现象。但脂肪贮存过多,会引起肥胖,同样也会影响犬的正常生理机能,尤其对生殖活动的影响最大。幼犬日需脂肪量为每千克体重1.1克,成年犬每日需要脂肪量按饲料干物质计算,以含12%~14%为宜。

碳水化合物 碳水化合物在体内主要用来供给热量,维持体温,是各种器官活动时和运动中能量的来源。多余的碳水化合物,在体内可转变成脂肪而贮存起来。当犬的碳水化合物不足时,就要动用体内的脂肪,甚至蛋白质来供应热量。犬因此会消瘦,不能进行正常的生长和繁殖。成年犬每日

均衡的营养是健康的保证

需要的碳水化合物可占饲料的 75%,幼犬每日需要碳水化合物为每千克体重约 17.6 克。

维生素 维生素是机体维持犬正常生命活动所必不可少的一类小分子有机物质。维生素既不参与机体组成,也不提供热能,其主要功能是通过作为辅酶的成分调节机体代谢。当维生素不足或过剩都可发生营养代谢疾病。维生素 A、D、E 缺乏,会出现皮肤干燥、表皮角化、被毛生长不良等症状。

矿物质 矿物质对犬非常重要,若缺乏某种矿物质,会引起相应的某些功能性障碍疾病。矿物质分常量和微量元素两大类。常量元素包括钠、氯、钙、磷、镁、钾、硫等,在体内的含量超过 0.01%;微量元素包括铁、铜、钴、碘、锰、锌、硒、钼、氟等,在体内的含量不足 0.01%。

矿物质的需要量/千克体重、来源与作用

钙 242 毫克	骨、奶、乳酪、面包	骨和牙的形成，神经和肌肉功能，血液凝块
磷 198 毫克	骨、奶、乳酪、肉	骨和牙齿的形成，新陈代谢等许多作用
钾 132 毫克	肉、奶	水分平衡，神经功能
氯化钠 242 毫克	食盐、谷物	水分平衡
镁 8.8 毫克	谷物、绿色蔬菜、骨	骨和牙齿的成分，帮助蛋白质的合成
铁 1.32 毫克	蛋、肉、面包、谷物、绿色菜	血红蛋白的要素，呼吸和热量代谢都需要
铜 0.16 毫克	肉、骨	血红蛋白的成分，为铁的结合所需要
锰 0.11 毫克	许多食物	牵涉几种酶以及脂肪的新陈代谢
锌 1.1 毫克	包括肉和谷物在内的许多食物	消化酶的要素，有助于组织修复
碘 0.034 毫克	鱼、乳制品、食盐、蔬菜	甲状腺激素的要素
硒 2.42 毫克	谷物、鱼、肉	与维生素 E 有关

维生素的需要量/千克体重、来源与作用

维生素 A 110IU	鱼肝油、奶、奶油、乳酪	与骨骼发育有关联
维生素 D 11IU	鱼肝油、蛋、奶制品、人造奶油、肉	促进骨骼发育以及增加钙的吸收
维生素 E 1.11IU	绿色蔬菜、谷物	帮助细胞膜功能
维生素 B_1 22 毫克	猪肉、内脏、全谷类、豌豆、蚕豆	碳水化合物，新陈代谢，有关各种功能中的辅酶
维生素 B_2 48 毫克	多数食物	与热量代谢的酶有关
泛酸 220 毫克	多种食物	在热量利用中起主要作用
烟酸 250 毫克	肝脏、肉、谷粒、豆类	与许多方面新陈代谢的酶有关
维生素 B_6 22 毫克	肉、蔬菜、谷粒	氨基酸代谢
叶酸 40 毫克	豆类、麦、绿色蔬菜	氨基酸代谢、血液
生物素 2.2 毫克	肉、豆类、蔬菜	氨基酸代谢
维生素 B_{12} 0.5 毫克	肌肉、蛋、乳制品	氨基酸代谢、血液
胆素 26 毫克	蛋黄、肝脏、谷物、豆类	与脂肪的新陈代谢有关

注：IU（国际单位）是确定维生素、激素等生物制品效能的效价单元。

约克夏㹴的四季管理

◆ **春季管理要点**

加强犬种管理 春季是约克夏㹴发情、交配、繁殖和换毛的季节,此时要注意对它的管理。约克夏㹴在发情期间,喜欢到处走动,所以一定要看管好。尤其是品质优良的纯种约克夏㹴,不可任其外出自由交配,以防产下血统不纯的幼犬。

脱毛期管理 约克夏㹴有着一身漂亮的毛发,但到了春季,就有了换毛的烦恼。这时,要经常为其梳理被毛,让其被毛不至于粘连在一起,易繁殖体外寄生虫和真菌,导致皮肤病的发生。此外,不洁的皮肤会使约克夏㹴引起瘙痒,约克夏㹴会抓咬和在笼舍等处摩擦,以消除痒感,从而可能损伤皮肤引起感染。因此,春季应注意被毛的梳理和清洁,预防皮肤病的发生。

注意预防感冒 春天天气情况变化频繁,忽冷忽热,稍不留意,就容易导致约克夏㹴患感冒病。由于感冒容易引发其他更严重的疾病,比如支气管炎、肺炎甚至犬瘟热等,所以做好对感冒的预防和在发病初期进行有效的治疗工作是非常重要的。不管如何,当约克夏㹴有了感冒症状,一定要及时采取措施,经验不足的主人更要及时送其就医。

◆ **夏季管理要点**

约克夏㹴由于毛发很长且密实,因此,在夏季很不容易散热,容易中暑。在这方面应该尤为注意。此外,夏季狗粮容易变质,应注意照管它,以免它误食而中毒。

注意补水 夏天天气炎热,在这个流汗的季节里,约克夏㹴会流失很多水分,因此,主人必需留意,勿让其缺水。主要留意在它的食器内经常保

应根据季节变化进行针对性管理

有清洁充足的水。记得最好不要给它喝茶、果汁、啤酒、牛奶等各类饮料,要让它喝清水。

防止食物变质　夏季,饲料易发霉变质,容易导致约克夏㹴食物中毒。因此,饲喂的食物最好是经加热处理后放凉的新鲜食物,而且最好不要做得太多,够一餐的量即可。对已发霉变质的食物要倒掉,因为变质的食物中可能含有细菌毒素,即使高温处理也不能将其破坏。约克夏㹴吃了含有毒素的食物,即可引起食物中毒,如治疗不及时会引起死亡。因此,如发现喂食不久约克夏㹴出现呕吐、腹泻、全身衰弱等症状时,应迅速请兽医诊治。

防蚊防虫　夏季是蚊、蝇、跳蚤、虱、蜱滋生繁殖的季节,故一定要做好防蚊、防蝇、灭虱、防蜱工作,以免蚊虫叮咬使约克夏㹴感染疟疾、附红细胞体病、巴贝西焦虫等病。

遛狗要选好时间、地点　选好带狗散步的时间,尽量选在清晨或傍晚

犬中暑了怎么办？

如发现犬有中暑症状，如呼吸困难、体温升高、心跳加快等等，应立即用湿冷毛巾冷敷头部，将中暑犬移到阴凉通风处，并立即请兽医治疗。

带它出去，因为那个时候地面的温度低一些，不会让它觉得太热。

关于洗澡 外出回来后不要马上给它洗澡，让它平静下来后再洗。记住，不要用冷水给约克夏㹴洗澡，一定要用温水，以免感冒。

◆秋季管理要点

秋季，约克夏㹴体内代谢旺盛，食欲大增，而且也是新毛开始长出的换毛季节和第二个繁殖季节，其管理方法与春季管理有许多相似之处。

注意营养的搭配 秋季饲料营养要丰富，饲喂量要增加，为过冬做好体质方面的储备工作。

观察体质 一入秋季，经过夏天蚊子媒介所感染的血丝虫病爆发，所以应及时加以观察。如发现约克夏㹴在早晚散步遇冷空气时有剧烈的持续性咳嗽，咳嗽后有流涎、吃食虽多却愈来愈消瘦、可视黏膜苍白等贫血症状时，则有可能是体内血丝虫病发作，应及时请兽医诊治。

◆冬季管理要点

冬季要常常带约克夏㹴外出活动，不要因为气温低而让它长期待在房间里。加强户外运动可以增加体质，提高其抗病能力。在天晴日暖时，晒太阳是上好的选择。不仅可以取暖，阳光中的紫外线还有杀菌消毒的功效，并能促进钙质的吸收，对幼犬而言有利于其骨骼的生长发育，防止发生佝偻病。

幼犬的日常管理

◆选择中午前带幼犬回家

当天你要尽可能地在中午以前将幼犬带回家,因为幼犬在和自己的父母分开后,情绪上一定会有波动,它会烦躁、紧张。如果你在此时选择在天黑以后才将它接回家的话,那它就会更加地不适应新的环境,会狂叫不已,或者拒绝吃喝。另外,你可以向它原来的主人要回它曾经使用过的毛巾,铺在它的窝里,这样它闻到原来的气味,就可以安心的睡觉了。

◆和幼犬建立信任关系

幼犬来到新的环境以后,常因惧怕而精神高度紧张,任何较大的声响和动作都可能使其受到惊吓,因此,要避免大声喧闹,更不能多人围着玩耍。最好将其直接放入犬舍或在室内安排好休息的地方,适应一段时间后再接近它。接近犬的最好时机是喂食时。这时可一边将食物推到幼犬的眼前,一边用温和的口气对它说话,也可温柔地抚摸其被毛。它开始可能不吃,这时不必着急强迫它吃,适应以后,它会自动采食的。如果它走出犬舍或在室内自由走动,表示已初步适应了

> **特别提示**
>
> 在幼犬适应环境阶段,要防止其逃跑。一旦发现幼犬行动诡秘,躲躲闪闪,不听招呼,有逃跑企图时,须立即制止,予以斥责,使其不再逃跑。

新环境。另外,饲养幼犬必须从一开始就要注意两件事:一是训练犬在固定地方睡觉,二是训练犬在固定地点大小便。犬有这样一种习惯,即来到新环境以后,第一次睡过觉的地方,就认为最安全。以后每当睡觉都会到这个地方来。因此,第一天晚上睡觉时一定要将它关在犬舍或室内指定睡觉的地方。这样数天以后,它就会固定下来。如果偶尔发现它在其他地方睡觉,就要将其抱回原来的地方,并发出"在这里"的口令。

幼犬一般经 3~5 天后就能完全适应新环境。在这期间,主人要友善对待,更不可对它发脾气和打骂。如果幼犬按着主人的要求做了某种事情,要及时予以奖励,让它知道这是主人所喜欢的事情;如果做错了事,只要严肃地说声"不对",它就会知道这是主人所不允许的事。

◆ 为幼犬驱虫

约克夏㹴在 2~3 周龄这期间要两周驱虫 1 次,以后每月驱 1 次虫,直到 6 月龄大小。记得从兽医那里买来的驱虫药物,一定要仔细按照说明书使用。即使其已经被饲养者有规律地驱过虫了,它有可能还有寄生虫存在于体内,你可以在两周内再给它驱 1 次虫。

为幼犬驱虫有打针和吃药两种方式。打针,有时会有副作用,操作不当甚至会有生命危险。

◆ **按时接种疫苗**

犬瘟热和犬细小病毒是致命的疾病,8~10周龄的幼犬不可能已经被免疫。它只剩下残余的抗体抵抗这些疾病,不能让它出门去乱逛,防止感染。首次免疫大约在12周龄进行,2周后加强免疫,然后它就很安全,不会被感染。

疫苗实际上是一种经过弱化、降低活力的病毒。用作疫苗的病毒都是经过特殊培养和技术处理的,它的活性比正常病毒低得多。当这种疫苗病毒进入犬机体后,会促使犬机体产生抗体,以后"正常"病毒入侵时,犬体内由于已经存在了抗体,被感染的机会就会大大降低。

目前市场上常用的犬用疫苗有犬咳疫苗、犬六联疫苗(犬瘟热、传染性肝炎、腺病毒、副流感、钩端螺旋体和细小病毒)和犬七联疫苗。

市场上的疫苗质量参差不齐。如果经济条件许可,建议注射价格虽高但质量好的疫苗。

注射疫苗一定要严格遵循兽医制定的免疫时间表,过早给小狗注射疫

幼犬免疫计划

爱犬年龄	需要进行的免疫
狗狗出生30天	滴鼻免疫犬咳疫苗
狗狗出生7~8周	第1次六联疫苗注射
狗狗出生11~12周	第2次六联疫苗注射
狗狗出生14~15周	第3次六联疫苗并注射狂犬疫苗

你的狗狗经过这个免疫计划后,以后要做的就是每年注射一针六联疫苗和一针狂犬疫苗。

苗不仅不会保护小狗健康,反而会破坏母源抗体的功效,起到相反的作用。母源抗体是指刚出生的小狗通过母体和初乳得到的抗体。母源抗体可以保证小狗在刚出生后的一段时间内对疾病产生抵抗能力,当母源抗体消失后,便要依靠疫苗来使小狗获得抗体。

◆ 疫苗注射的注意事项

给怀孕母犬注射疫苗是绝对禁止的,否则会造成母犬流产。狗在怀孕时,体内的抗体很高,一般不会患传染病,不需要注射疫苗。同理,产后半个月内也不适合给母犬注射疫苗。体质比较差,营养不良的狗狗,最好先改善体质,加强营养,直到身体健康后再接种疫苗。

狗狗发病时不能接种疫苗。此时接种疫苗,可能由于疫苗反应而加重病情,也可能使疫苗不能产生良好的免疫效应。与其他患病的狗狗接触过的狗狗,需要全面检查后再注射疫苗。

因此注射疫苗前一定要先请兽医为爱犬检查身体。少数小狗在注射疫苗后出现体温升高、精神沉郁、食欲下降、疼痛等都属正常,一般24小时内症状就会消失。但是出现全身瘙痒、面部肿胀时就是过敏了,要到医院注射脱敏针。有的小狗在注射疫苗后可能发生剧烈反应,如休克,所以注射疫苗后最好在兽医站或宠物医院停留30分钟以后,确认小狗没有异常反应后再离开。在注射疫苗后的一周内,狗的体内正在产生抗体,抵抗力可能有所下降,一定不要给狗洗澡,以避免其在此期间感冒。

由国家卫生检疫部门指定或认可的宠物诊所和兽医站都可以进行疫苗接种。饲养在家中很少出门的狗狗，仍然需要注射疫苗，因为主人外出，可能会把病菌带回家中。春秋两季温度合适，有助于疫苗发挥作用，所以最好选在春秋两季进行注射。疫苗接种结束后，一定要想着向兽医索要防疫证明，带回家收好。这个证明在很多时候都是有用的。

◆ **幼犬的喂养**

一只幼犬科学的饮食是至关重要的，可以让它在生长阶段获得丰富的营养。对于约克夏㹴来说，这一阶段应该持续到15个月龄。

幼犬不宜喂配制食物 自己配制的食物常常会因多种营养成分的缺失而使幼犬营养失衡。科学的喂养方法最重要的就是要选择已配制好的商品化狗粮，因为其中含有比例搭配协调的必需营养物质。当然如果你真正了解营养搭配方面的知识，你也可以配制新鲜成分的自备食粮，但要注意观察幼犬的健康状况，如果发现有异常的现象，便立即停止。

狗粮的选择 现在的某些观点认为，全营养的、压制干燥的狗粮有很多的优点，饲喂这种狗粮可以让新生幼犬早在出生后四周内就达到正常的体重。另外，像这种干性狗粮还有利于牙齿的发育。不过也有相当一部分很好的罐装或半湿性狗粮可以选用。需要注意的是,要首先弄清楚这些狗粮是全营养狗粮还是需要添加狗饼干和其他成分的补充性狗粮。

喂养次数 在约克夏㹴幼犬长到3个月龄之前,每天要坚持给它喂4次,如果你全部选用的是全营养的干性狗粮的话,可以留一部分,这样幼犬不论什么时候饿了都可以吃。在幼犬3个月龄的时候每天喂它3次,每次应该注意增加饲喂量。在幼犬6个月龄的时候,应该减为每天两大顿,并适当增加饲喂量。

把握饮食量 幼犬的消化功能是比较弱的,因此要特别注意量的控制,以少吃多餐为佳。如果饲喂量不合适,幼犬可能会生病,常常表现为:拉肚子或软便、呕吐等。所以一定要每天观察幼犬的排便情况,以判断饮食量是否合适。

喝水很重要 除了给你的约克夏㹴饲喂营养丰富的狗粮外,一定不要忽视给它准备充足的水。狗狗身体的水分也会透过大小便、呼吸、喘息或

幼犬时期就应养成良好的饮食习惯

脚底的汗腺流失,如果在48小时以内没有补充水分,会引发脱水现象。一般应该在同一时间、同一地点,常常帮幼犬准备新鲜的水。不过,喝水太多,也可能影响幼犬的健康。因此,每次加水的量要控制好,并要观察它喝水的情况。

◆ **幼犬饲喂的注意事项**

A. 遵循饮食单上或食品袋上的说明。

B. 在相同时间和地点,用同一食器喂食,让狗记住吃东西的时间和场所。

C. 一定不要喂直接从冰箱里拿出的食物。

D. 注意不要让食物在地上放太久,以防止苍蝇的污染。

E. 不要让幼犬吃猫粮,也不要将犬猫一起喂养。

F. 不要给它吃人吃的饭菜。

G. 当幼犬一边进食一边玩耍时,一定要将食器收起来。

H. 不要随意变化喂养的狗粮,以免幼犬不适应新食物,而导致厌食。

◆ **幼犬的运动**

约克夏㹴幼犬不应该进行太多的运动。一般买来的幼犬是在6~8周龄,它需要在花园或者街道上进行一些温和的活动。它可以接触别的经过免疫的、可靠的成年犬,可以和它们一起玩耍。它会喜欢上和你一起做一些充满活力的游戏,但是,要记得在你们有任何竞争的时候,你都应该占上风。

虽然你应该带你的约克夏㹴幼犬出去熟悉周围的环境和日常生活中的各种声音,但在此期间,你的爱犬并未完成免疫的所有程序,尚未获得较强的免疫力,因此不适宜在外面逗留过长的时间,因为它随时都有可能感染疾病的危险。

在第二次免疫1周后,你可以带上你的约克夏㹴出去放心地散步了,不用担心时间一长就会感染上疾病。但是要记住,此时,它完全相当于一个小孩,骨骼尚未完全钙化,其关节仍在发育中。过于剧烈的运动会影响它的正常发育。

当其4个月龄的时候,每天可以带它出去散步3次,每次以20分钟为宜。当其6个月龄的时候,每次运动的时间可以延长到半个小时,但不宜过于疲劳直到它9个月龄或者1周岁时。此时,关节和骨骼的发育已基本成型了。

值得一提的是,刚刚带幼犬外出时,最好将它抱在怀里,让它先熟悉一下周围的环境,让它看看各种东西,等它慢慢习惯了,再放它下来。

成年犬的日常管理

◆ 成年犬的喂养

已成年的约克夏㹴可以用世面上的任何一种质量优良的商品化狗粮喂养。和喂养幼犬时一样,你每天要按时给你的狗喂食。约克夏㹴在吃饱时要比空着肚子的时候警惕性要低,所以早晨给其饲喂主食会让它在晚上警惕性更高,而晚上饲喂会让它睡得更深。

◆ 选择营养均衡的食物

狗和人类一样,需要营养的均衡,才能让其各项生命体征趋于正常。事实上,狗对食物是没有选择性的,好的食物它们吃,不好的食物它们也能吃得下。但是,既然我们当它们是宠物,那么我们就应该给予它们更多的关爱,照顾它们的饮食,要让它们达到膳食平衡。包括蛋白质、维生素、纤维素和脂肪。

◆ 自己配制狗粮

约克夏㹴在幼年时不适宜吃配制的食物,但成年犬是可以的。自己动手配制狗粮的最大好处就是,可以给你的爱犬吃上最新鲜的食物。但是,我们也不得不承认,自己配制的食物确实不如商品化的狗粮的营养丰富。你可以偶尔尝试一下,不可经常饲喂。否则你的爱犬会营养不良的。另外,你还必须对犬只的身体状况有一个比较详尽的了解,因为个体差异是很大的,从而选择适合你自己的爱犬的食物。

犬在一昼夜内所食用的各种饲料的总量称为日粮。配制日粮时必须遵循以下几个原则:

第一,讲究卫生。配制的日粮必须要新鲜、清洁,千万不要给犬只饲喂过期、霉变的食物,否则,它会呈现腹泻等不良现象。

第二,营养丰富。制作日粮要根据犬只的生长情况、营养的需要以及生理特点,合理搭配营养成分。先考虑满足蛋白质、脂肪、碳水化合物的需要,然后适当补充维生素。

第三,考虑食物的消化率。犬吃进体内的食物不等于被其全部消化、吸收、利用。因此在配制时,应该全面考虑所用的材质。

第四,稍做处理。各种饲料在喂前要经过加工处理,以增加饲料的适口性,提高犬的食欲和饲料消化率,防止有害物质对犬的危害。

日粮配制地是不是合适,可以从观察你的爱犬的各种生理指标是不是正常来判断。如果你的犬体重稳定、食欲良好、代谢正常,则证明你所配制的日粮是合适的。如果你发现你的爱犬体重猛增的话,你就应该适当减少它的进食量了;反之,当你发现你的犬日渐消瘦,那说明你所配制的日粮中所含有的各种营养成分是不够的,建议你换喂商品化狗粮。如果你的爱犬拒绝吃你所配制的食物的话,你就应该检查一下食物中是不是有霉变和腐烂的现象存在了。另外,当你发现它食欲恶化时,则说明你的爱犬在代谢方面出了问题,应该及时就医。

◆ **不能喂的食物**

我们平常吃的食物中,有很多是不能给犬吃的。下面列举了一些具有

推荐狗粮配方

配方1:肉类400克,谷类400克,蔬菜100克,盐5~15克,将这些成分煮熟做成食团,分次喂给。

配方2:肉类400克,米、麦、蔬菜等700克,食盐10~20克。

配方3:肉350克,米250克,面食300克,蔬菜400克,奶渣100克,动物性脂肪10克,鱼肝油8克,酵母6克,胡萝卜60克,盐10克,骨粉14克。

代表性的食物，一定要注意。

洋葱、葱头 洋葱、葱头对狗来说是有毒的，即使加热，有害的物质也不会分解。

盐分 主食中盐分过多，虽然适合人的口味，对狗来说却就是盐分摄取过量。

冰激凌、蛋糕 没有必要给狗吃甜食。这些食物可能引起肥胖或腹泻。

鱼骨、肉骨 鱼骨、肉骨狗可能不嚼烂就咽到肚里，而造成呕吐、腹泻或便秘。

调味品 香辣的调味料刺激性强，气味浓重的食物对狗不好。

牛奶 牛奶的营养价值虽高，但狗不易消化吸收，可能引起腹泻。

蔬菜、花生、章鱼、墨斗鱼、贝类 不易消化，可能引起狗腹痛、腹泻。

◆ 病中推荐食物

如果你的约克夏㹴出现了食欲不振、发烧、腹泻、呕吐、咳嗽、大量眼屎、痉挛等症状，应该马上带它去宠物医院。

知道得的是什么病以后，如果打算带回家疗养，医生会详细向你说明怎样看护、应喂它什么东西等事项。必须牢记医生交代的内容，严格按医嘱执行。自己心爱的犬病了，主人大多会有些慌乱，在听取医生交代饮食注意事项和投喂方法时，最好记记笔记，这样做不会忘记医嘱的细节。

一般来说，如果犬得了病，可以喂它少量比较容易消化、营养价值较高的食物，尽量在加工方面多下点功夫。

比如出现食欲不振时，如果平常喂的是硬性专用狗粮，可以用开水泡软了喂它。开水的温度最好在 40℃ 左右，或者拌进些罐头或无菌包装食品等口感较软的食物给它吃。如果平常是配餐喂养，那可以把肉块切小点，或者用米熬点粥给它吃。约克夏㹴在病了的时候，最好能想办法让它吃点东西维持体力。如果犬实在不想吃，为了减轻其肠胃负担，可以把一天的食物分 2~3

次喂它,也许会有些帮助。如果患了痢疾,也用相同方法先给它补充点水分。

◆ **养成良好进食习惯**

对待不好好吃饭的约克夏狸,不能一味迁就,如果不是因为生病没有食欲,就不要随便给它们换食物,一是对肠胃不好,二是不能养成一个好习惯。如果确实有病,也要遵照医生的建议进食。

首先,你要给它养成定时吃饭的好习惯,准点按量,最好不要因为你的生活习惯而打乱它的进食时间,而且不要养成它想吃就给的习惯,让它像人一样,按时按量吃饭,即使吃零食也要有规律、有节制。

如果在固定的时间它不吃,你千万不要因为心疼而百般迁就,给它更换食物。比如说,10分钟之内,如果它不吃,就把饭收起来,即便10分钟后,它有想吃的意思,也绝不能喂。

有的饲主,喜欢每天早上给犬一碗食物,犬吃吃停停,想什么时候吃都行。这样做很不卫生,特别是夏天,由于食物放的太久容易变质,弄不好会导致犬腹泻生病。原则上,应该让犬养成定时吃食的习惯。每天不管是喂一餐或是两餐,都最好在固定的时

狗狗厌食怎么办

当约克夏狸食量减少时,首先应观察它是否患病了,如果没患病而厌食则有两个办法:

第一,适当饿饿你的狗,让它停食24小时。停食期间给足饮水,一般第二天可恢复食欲。第二,加强体能锻炼,增加它的运动量。一般只须在家里多备些玩具,如狗咬胶和拉绳供其玩耍、锻炼,平时多逗其跑跳玩耍、多遛狗就可满足其运动量。

间喂食,而且不可在犬面前放得太久时间,最好能让犬在 10~15 分钟内吃完。犬吃够离开食物盆后,即使食物还没有吃完,也要把食盆取走。这样,久而久之,犬就会养成时间一到就来讨食,并及时吃食的习惯。这样做,既卫生又方便饲养管理。

◆ 成年犬的运动

约克夏㹴成年以后,我们可以常常带它去外面散散步。因为,每天保持一定的运动量,对它的身体健康是非常有益的。但是,在运动中,也要注意保护它。

过饿过饱不运动 不要让约克夏㹴在饱餐或极度饥饿的时候去做剧烈的运动,因为这样它可能会出现胃肠方面的疾病,结果未达运动效果,反而伤到它的身体。

要适量补充水分 约克夏㹴跟人一样,都需要补充水分,尤其是在跑步、登山等较激烈运动下,更需要补充水分,以免体内水分不足。如果在运动过程中出现体温过高热、衰竭休克的现象,就得紧急送入兽医医院打点滴降温。

适度做防晒措施 犬类如果长期暴晒在骄阳下,与人一样,也有可能轻则晒伤,重则中暑休克,还可能患皮肤癌。因此带约克夏㹴运动要尽量避免在日光照射强烈的时段。

约克夏㹴精力充沛,应每天坚持适量的运动

老年犬的日常管理

◆ **年老后的生理变化**

身体老化后,约克夏㹴的一些重要器官会逐渐衰退。它的活动量会减少,而且它的身体器官也不能有效工作。由于身体正在衰退,它将不能抵抗疾病或其他身体压力。它的行动会变得迟缓且脾气会变得暴躁,你应对它有些耐心。它的视力和听力可能会有所减退,所以,有时它会对你的呼唤没有反应,但它并不是故意的。这时它需要你的帮助和陪伴,你要给予其更多的关怀。因为,年老的约克夏㹴各方面的生理功能都是比较弱的,这时它比以往更容易出现身体上的不适。同人类一样,犬年老后也不愿意活动,而且,在你带它出去时,它也不再像年轻时那样跑在您的前面,相反地,它会老实地跟在你的身旁。

由于你与约克夏㹴天天在一起,所以,你可能注意不到它是从什么时候开始变老的。对它进行一些额外的照顾会使它生活得更舒适。定期带它去看兽医,并从各方面为它着想会使你的犬度过一个愉快、健康的晚年。

当狗年纪大时,应经常查看其健康状况

◆ **饮食的选择**

年老的约克夏㹴，常常会在消化系统方面出现问题，所以，在食物的选择上尤为重要，一般来说应该遵循以下几个原则：

A. 选择能减缓或防止疾病发展的食物。

B. 低脂肪高蛋白食物。

C. 应该是容易消化的食物。

D. 食物中含有逐渐增量的脂肪酸、维生素（尤其是维生素A、维生素B和维生素E），含有微量元素，尤其是锌。

◆ **营造舒适的环境**

犬在这一阶段活动量会减少，它可能会长时间地躺在一个地方不动。你千万不能让它躺在寒冷、潮湿或太阳暴晒的地方。在它的床上铺上柔软的寝具，并放在一个温暖、通风的地方。

床应放在犬容易接近的地方。如果它爬楼梯有困难就应将它的床放在楼下。由于它的感官开始衰退，视力、听力、方向感已不如从前，它可能容易迷失方向。所以，不要对屋内摆设或它的生活规律作太大的改变。尽量不要让它长时间无人陪伴，尤其是在它陌生的地方。

◆ **日常健康检查**

定期体检 每年注射加强免疫，疫苗对年老的约克夏㹴尤为重要。这是因为，它对传染病的抵抗能力减弱，而且极

易受细小病毒症的传染。同时,兽医还可以对犬的健康状况作检查,包括检查皮肤、肾脏、肝脏等重要器官。

经常梳理毛发 梳理可以改善皮肤血液循环,使它的毛皮有光泽而且不会缠结在一起。定期为它梳理的同时,还应检查它的皮毛是否长疣和脂肪瘤,是否有缺毛、受伤、过敏等现象以及是否有跳蚤之类的寄生虫。

定期修趾甲 年老的约克夏㹴的活动量减少,它的趾甲就会变长,所以应定期对它的趾甲进行检查。应特别注意它的狼爪,有时它长长后会弯进它的肉掌,这会使它很痛苦。

检查牙齿和牙龈 牙齿上的牙垢会导致口臭、牙龈发炎等疾病,并会使牙齿脱落,应为它清除牙垢。为了预防或尽量减少口腔疾病的发生,要用犬专用牙刷、牙膏为其定期刷牙。或者你还可以用一块软布沾上食用苏打为其清理牙齿。

约克夏㹴的训练

通过训练,能让你的约克夏㹴养成良好的习惯,能和人们及其他动物更好的相处,显得更有教养。

训练的基本方法

机械刺激法 机械刺激法就是利用机械的手段,迫使犬做出一定的动作的方法。例如为了把犬控制在身旁,给犬套上牵引带,通过牵引带的拉扯给以刺激,使它不能超前和落后。

食物刺激法 食物刺激法就是以食物来刺激犬做出一定动作的方法。它可以使犬愿意执行并完成动作,同时也可以用来巩固条件反射。此法运用得当,可使犬积极参加训练,很快就可以学会教给的动作。但是奖食不能过分,否则会影响训练效果。

机械和奖励结合训练法 在训练中,当犬准确地做出一定的动作时,如能得到奖励(给犬爱吃的食物或抚摸等),则等于告诉它主人希望它这么做,也是鼓励它继续这样做,并巩固这样的动作。单独使用机械训练法时,只是采用一定的外部的、生硬的方法,犬对这一动作的接受是勉强的。如果将机械刺激法与奖励法相结合,可以达到奖惩分明,使犬明白该干什么、不该干什么。

摹仿训练法 摹仿训练法是利用训练有素的犬的行为去影响或带动被训练犬的一种方法。如把要训练"前来"动作的犬和已经能熟练完成这一动作的犬放在一起,使彼此熟悉后,让它们一起训练。

训练的基本要领

为了使犬能根据主人的口令、手势顺利地做出动作,准确地完成各种任务,必须正确掌握训练要领,使犬迅速养成良好、稳定的条件反射。

诱导 诱导就是在训练中利用食物,物品、自身行为以及其他因素,诱导犬做出某些动作,借以建立条件反射的一种手段。此法能使犬积极参加训练,并能较快地学会动作。由于这种刺激是主动的,犬做出的动作就是自然活泼的,且愿意执行,特别是使用科目的训练效果较好。但其特点是,不能保证犬只在任何情况下都能按照顺序准确地做出动作,尤其在方法使用不准确时。

强迫 强迫是使用机械刺激和威胁音调的口令,迫使犬准确地做出动作。强迫的方法主要运用于每一个训练科目的初期,主要是为了促进犬只条件反射的形成。运用强迫时,要注意度的把握,在机械刺激的同时可以配合适当的奖励措施;要因犬的个性而异,因训练科目而异,慎重使用,以免产生不良的影响。

禁止 这是为了制止犬的不良行为而采取的一种手段。它是用威胁音调发出"非"的口令,同时与强有力的机械刺激相结合使用。如犬狂叫不止、乱咬人时,就发出"非"的口令,同时加以机械制止。在禁止犬只的不良行为时,态度必须要严肃,但不使用暴力。当你的犬意识到并及时改正时,可以适当地给予其奖励;在对待幼犬时,应该特别的注意,不能过于急躁。

奖励 奖励是为了强化犬的正确动作,巩固已培养成的能力,调整犬的神经状态而采取的一种手段。奖励的方法有抚摸、表扬、给其喜爱的食物等等。一般在训练科目的初期使用,能收到很好的效果。要注意,给予奖励时你的态度要和蔼可亲。

训练的注意事项

持之以恒 对约克夏㹴进行训练最重要的是必须坚持不懈,每天不必安排太多时间,但要循序渐进地进行。但是对一项训练如果安排的时间过长,犬也会觉得厌烦,会失去新鲜感而不会太专注学习。

多表扬、少斥责 当犬完成了某一动作时,我们应对它进行表扬和鼓励,并把其当作训练教育中的基本原则。叱骂过多会使犬变得迟钝。如果照一次叱责、九次褒奖的比例来对待,多给它一些表扬鼓励的话,它就会表现出越来越强烈的学习热情。

及时斥责、当场褒奖 当犬做出什么不该做的事时,训斥须及时,如果过了这一阵再斥责,它就已经记不起自己是因为什么事挨批。奖赏它时也是如此,如果过了这个时候,可能达不到褒赏的目的。

声音与手势配合 当犬做了什么不应该做的事时,要叱它一句"不准";而当它按照主人命令执行了以后,要夸它一句"真棒"。这些基本口令应短促、易分辨,一旦选定应统一。与此相对应的则是用手势明确无误地显示主人的态度,如伸出手掌在狗的鼻部轻轻点它几下。但要注意不能打得过多过重,过于严厉的体罚可能对有些悟性较强的狗的性格产生影响。

训练态度要统一 所有的家庭成员在对它的教育训练上应持同样的认识,采用统一的口径。最好在家里指定一个人主要负责对它的训练。对它作出的某一件事,如果有人态度暧昧,有人却出来斥责,它会搞不清这件事到底是对还是错,该做还是不该做。

训练中牵绳的正确使用

狗绳的正确牵法是外出时应注意的。

外出时,绳套紧握在右手中,并保持适当的松弛,左手握绳在左腰间。绳子的状态,应是从狗的项圈之处稍微下垂,保持一定的松弛。主人要随时注意狗所处的位置是否正确,是否出现牵拉绳子的现象。狗要处在主人的左侧,并同朝一个方向(不习惯左侧的话,也可以换在右侧),但不能无视主人的存在任意地拉着绳子径直向前跑。

当狗拉着绳子朝某一方向走时,立即强行牵着它朝相反方向走,途中可以拐弯,也可以在同一条路上来回走。当狗准备向前拉绳子的瞬间——注意观察狗准备拉绳子时的样子,当出现这种征兆时,猛的一下向后拉绳子,勒住狗的脖子。这一瞬间的力度和时机把握是非常重要的,突然地一用力给狗的脖子上施加压力,然后放松绳子。但必须注意,如果狗脖子上的绳子一直处在拉紧的状态,以上的方法就毫无效果了。

请记住,正确牵绳方法是任何时候都是主人牵着狗走。平时,在家中要让狗自由自在。散步时,则要注意让绳子保持松弛状。

牵绳不能长时间处于绷紧状态

训练的基本科目

◆ 进食训练

在饮食方面,除了定时、定量、定点饲喂以外,可以额外给犬以特定刺激,以增进其食欲。比如每次添食之前,先喊两声犬的名字,持之以恒,则有利于爱犬进入就餐的预备过程,使其消化系统进入兴奋状态,唾液分泌量增加。这样,进食就会很顺利,而且能每次把定量吃光。

在爱犬进食之前,可以对它稍加控制,因为此时它正饥肠辘辘,有求于你,会急切地按照你的吩咐去做。可以让爱犬以口令为准开始饮食,在口令未下的时候,爱犬眼巴巴地望着食盆,这个时间控制要尽量缩短,否则容易影响其食欲。这种练习可以使它养成不随便抢食的习惯。应该慢慢训练使它懂得规矩,让其把餐器舔净,不糟蹋浪费。

◆ 排便训练

约克夏㹴是比较爱清洁的犬只,在室内应在卫生间或阳台固定一处放置便盆,上面可撒上煤渣、铺上报纸等,当它确认了上厕所的地方后,每次都会很固定地在那里方便。第一次让犬到正确的地方上厕所时,一定要耐心。如发现犬有要便溺的

迹象,应立即把它带到该去的地方。当犬做对之后应表扬赞许它;如果它已在不正确的地方便溺,应立即严厉呵斥,用比较尖锐的声音批评它,一般2~3次便可见效。

　　大小便的训练最重要,也是需要花很多时间的。犬在起床后、饭后、睡前,以及玩得很开心时,会在地上打转,表示它在找地方排泄,这时要赶紧抱它去定点方便。它找对了地方,要立刻鼓励。如果它排错了地方,要当场按住它的鼻子,拍它的屁股说"不可以",并立刻将地面清洗干净消毒,喷上除臭的芳香剂,甚至撒上胡椒粉之类,尽可能盖住臭味,免得犬寻着这味道,一犯再犯。有时候,小犬因为过度兴奋、惊慌,或者为了引起你的注意,或是生病了,会有随地大小便的情况。这时候必须弄清楚原因,加以耐心地纠正与治疗。幼犬的消化吸收快,排泄得又快又多,倒不必担心,那是排泄器官的肌肉控制还不成熟的缘故。

◆ 制止狂吠训练

　　当你的爱犬面对陌生人,其他狗只或听到异常响动时爱大声吠叫,这时必须对这种行为予以坚决制止。这种吠叫既不礼貌,也影响周围环境。

　　在训练约克夏㹴不要狂吠时,必须用坚定的语气配合手的动作。当它在家中听到门外有人活动就吠叫时,应立即用手握紧犬的嘴,同时用十分肯定的语气,摇头怒斥"不行"。经过数次训练之后,它就会明白这种狂吠是不对的,从而改掉这一劣习。

◆ 随行训练

　　随行训练是让它根据你的指挥,靠近你的左侧并排前进,并保持在行进中不超前、不落后的正确姿势。训练时,先在清静平和的环境令犬游散一会儿,用左手拉住牵引带,唤犬名引起犬的注意,在发出口令"靠"的同时,用左手把牵引带向前拉,以较快的步伐前进,每次行走30米左右。当犬出现超前或落后时,立即发出"靠"的口令给予纠正,并拉牵引带一次,给犬以刺激。为了让犬形成对手势的条件反射,可用右手拉着牵引带,并放长些,当犬一旦脱离正确位置时,在发出"靠"的口令的同时,用左手拍一下自己的左大腿,这样反复多次训练,即可形成条件反射。当犬能不用牵引带而根据口令正确地随行时,可进行变换速度、方向的训练及较复杂环境中的训练。当犬受到新异刺激不执行口令时,即向它发出威胁音调的口令,并配合以猛拉牵引带的刺激来纠正。

◆ **前来训练**

前来是约克夏㹴能根据你的手势和口令,顺从地来到你左侧坐下的能力。训练时,先唤犬名以引起犬的注意,然后发出口令"来",右手做"来"的手势,同时左手拉训练绳并向后退,以使犬前来。当犬来到你面前时,应及时奖励它,这样经过多次训练,犬即可按口令前来。

但应注意,有的犬往往听到口令或看到手势而不来,此时主人一定要耐心。想法采取一切足以使犬兴奋的动作,如后退、拍手和向相反方向急跑等,促使犬前来,切不能用突然的动作去抓犬或追捉,否则会使犬受到影响。有的犬受到新异刺激后,不但不来,反而到处乱跑。此时应抓住训练绳,并用威胁的口令,右手做前来的姿势,令犬前来,当犬来到身边时,应及时奖励。

◆ 坐下训练

训练时犬主用左手握住牵引带,将犬引导至自己对面,让犬站在主人左侧,接着发出口令"坐",同时用右手上提牵引带,左手按压犬的腰部,迫使犬坐下。当犬坐下后,立即给予奖励,通过反复训练后,犬就能养成坐下的动作。

训练初期只要犬能在 5~10 秒钟内坐着不动,就应立即奖励,以后逐渐延长时间,采取边巩固边提高的办法,达到 3~5 分钟。在培养坐姿延缓的同时,要逐渐延长与犬主的距离,直至离犬 20 米以外隐藏起来仍能坐着不动。

◆ 握手训练

犬玩耍时互相抓挠,这是天性。训练时,喊声"伸手",然后以一只手拿起它的左前脚,另一只手拿起它的右前脚。一边说"好",一边抽出一只手抚摸犬的颈下或前胸,还可以给它吃点食物加以奖励。

握住它的前脚时就说"握握手"。它抬起右脚时,用你的右手和它握手,然后表扬奖赏它。重复"握手"的命令直到它每次都这样做为止。当它已经学会正确地握手时,就教它用左脚握手,此时应下不同的命令。

◆ 作揖训练

首先要在约克夏㹴饥饿的情况下进行,因为只有食物才是它无法忍受的诱惑。受训犬一定要戴上颈圈。训练时一手用食物引诱约克夏㹴,一手拎着颈圈,使犬后腿站立,嘴中立即发出口令——"作揖",此时主人用手握住犬的前爪,轻轻用力使前爪向内弯曲,作揖动作就完成了。当它每次做正确之后都要立即喂以食物,给予表扬。经过多次训练之后,你的爱犬便能一听"作揖"的口令就能完成整个动作。

◆ 翻滚训练

当犬乞讨东西时会注意你的手指,眼睛盯着你手里的食物,你可让犬先趴下,再将你握着食物的手高于它的鼻子,手成弓形,从左边经过它的身体到地面再到它右端,这样它会随着食物打 180°的滚。

如果犬已经会听口令趴下了,那么命令它打滚就更容易了。

◆ 敬礼训练

在训练敬礼时,应在其有坐下能力的基础上进行,可采用以下几种训练方法:

在给犬喂食时,先令犬坐下,待犬开始吃食时把食盆端起。在慢慢往上端食盆时,犬的前身必然会随食盆升高而立起,此时下口令"敬礼",当犬站立好再给予食物。

找一处平坦地面,令犬坐下,下"敬礼"的口令,然后双手抓住犬的前腿慢慢提起呈直立状,再奖励犬。

下口令"握手",你左右手分别握住犬的左右前腿,再下"敬礼"的口令,然后慢慢松开双手,使犬单独后肢站立,最后奖励犬。

◆ 跳舞训练

约克夏㹴"跳舞"时那美丽的体态将展现无遗。跳舞是指约克夏㹴根据指挥(或者音乐节奏),后肢着地前腿立起不断地转动。训练时,它应先具备敬礼的能力。可按以下两种方法进行。

第一,在犬敬礼动作的基础上,你的右手拿着食物逗引犬,当犬欲吃食时,你离开犬一步,并下"跳舞"的口令,迫使犬向前迈动步子,犬迈动步子后给以奖励。

第二,在犬做出敬礼动作的基础上,你的双手握住犬的左右两前腿,下"跳舞"口令,然后不断移动步子,迫使犬也迈动步子,并给以奖励。当犬形成条件反射后,你应播放音乐,然后令犬"跳舞"。此时,你根据音乐的节奏用右手抖动的快慢来指挥犬移动步子。初训时,每当犬能移动一两步就应及时给以奖励,再逐渐延长跳舞的时间。同时,训练犬移动的步子不宜太大,以防犬因重心不稳而摔倒。

约克夏㹴的繁殖

约克夏㹴的繁殖有其自身的特点和规律,深入认识和了解其特点与规律,研究犬的生殖生理和繁殖技术,实施科学繁殖,是加快约克夏㹴的培育与品种改良的基础。

约克夏㹴的繁殖方法

近亲繁殖法 近亲繁殖法是指血缘有关系的父女、母子、兄妹、姐弟等直系血亲的交配繁殖。采用近亲繁殖是希望父母犬方面优秀的禀性会在子女的身上重现,但较好的交配法是父配女、祖父配孙女、叔伯配侄女、异母兄弟配异母姊妹等。如此形态统一具有系统的交配法所培育出来的仔犬,大都可以达到理想标准。近亲繁殖法培育成功时会强化优点,但培育不成功时,双方缺点的强化也是双倍的。因此做近亲繁殖时一定要确定双方在遗传上没有重大缺点才行,否则生下的仔犬会有许多缺陷。使用近亲繁殖法也是非常冒险的,近亲繁殖是尽可能多地遗传优点,少遗传缺点。

异系繁殖法 异系繁殖法就是欲交配的公母犬双方在前五代的血统中没有一点血缘关系,而完全引进本身所没有的新血统。当某一系统的缺

繁殖者应根据繁殖计划采用合适的繁殖方法

点被强化且在后来的改良中一直无法突破消除时,若另一血统都没有这种缺点,而原来的血系又有精密的血统组合时,则可以将此血统纳入而寻求改良。异系繁殖和近亲繁殖的目的都是为了更快地改良犬种,并把家谱缩小到很少的几条紧密相关的后代分支。这样可以使血统更快地变纯正,使繁育者能够在某种程度上控制所有的品质,可以减少可变性。

系统繁殖法 系统繁殖法是指在公母犬双方四或五代的血系中,有1只以上的相同祖先犬,而在双亲及3代内并无同一只犬重复出现,这样的方式就是系统繁殖法。它是一种程度较轻的近亲繁殖。一般繁殖者都喜欢采用这种方式,因为它不必冒近亲配种带来的危险,又可获得近亲繁殖的良好效果。采用系统繁殖法时,应事先了解公母犬上5~7代的血统,把它们作为繁殖倾向的指标。一般来说,利用系统繁殖法繁殖出优秀仔犬的比例也相当大,因为在繁殖时我们依据血统大约可以推断出公母犬的遗传倾向,而加以善用则期望祖先犬优秀的特质将可能重现。

约克夏㹴的选种

想要培育出优秀的约克夏㹴仔犬,必须选择优秀的种犬。选择种犬时要从品种、体形、毛色、年龄、血统、健康、气质等方面作出正确的判断。只有通过择优汰劣、去粗取精、优势互补,才能培育出品质优秀的纯种约克夏㹴。我们繁殖约克夏㹴,在选种的时候,应注意下列各点:

A. 血统优良,但近亲繁殖不宜过密。

B. 不宜配混有杂种血统的狗只。

C. 必须到达性成熟年龄,应在1岁以上。

D. 必须健壮,无任何寄生虫病。

E. 必须查清楚血系,无任何遗传病与缺陷。

F. 已注射各种防疫针和定期防虫。

G. 符合犬种标准。

H. 骨骼正常,牙齿正常;勿缺齿,勿反铮,切勿腰坠。

I. 生殖器官发育正常,繁殖力强。

J. 雌犬的发情周期要正常。

K. 避免选过胖的种犬。

L. 体弱、适应能力差的勿选配。

M. 情绪必须稳定,勿选有问题者。

N. 最好壮龄配壮龄,勿选老龄母狗。

O. 最好选有经验的雄犬。

P. 选种要预防情绪遗传病。

发情

◆ **发情周期**

发情周期一般分为发情前期、发情期、发情后期、无发情期。

发情前期 为发情前的一个时期。发情前期的确定一般是以阴道开始有血样分泌物(发情出血)为依据。这个时期母犬会接近并挑逗公犬,但不接受交配。持续时间平均为9天。

发情期 指母犬接受公犬交配的时期。发情期的持续时间平均为9天。

发情后期 为发情结束的一个时期。发情母犬进入发情后期是以母犬开始拒绝公犬交配为依据的。持续时间为60~100天。

无发情期 是发情后期到下次发情前期期间。犬是单发情动物,这个时期不是性周期的一个环节,是非繁殖期。无发情期间的生殖器官呈休止状态。无发情期的持续时间平均为120~130天。

通常人们把犬的发情前期和发情期统称为发情。

发情前期和发情期的总时间为11~35天。掌握约克夏㹴的发情周期与发情期对于繁育具有重要作用,只有在发情期内才能实

现有效交配。

有的犬发情周期不规则,1年只发情1次,或者一年半以上也不见发情,通常这种情形的产生是由于母犬的卵巢内残留着排卵过后的黄体素阻碍了发情所致。这也是日后不孕症形成的主要原因之一。预防的方法是注意营养的均衡,足够的运动与日晒,同时请兽医协助治疗。

◆ **发情征候**

在你的宝贝犬发情时,它的行为、生理和心理都会发生许多变化。只要准确掌握了它在发情时不同阶段的不同征候,我们就可以判断约克夏㹴是否发情,处于何种时期,何时可以交配。

行为变化 多数母犬在发情前期前2~3天,就表现不安、易兴奋、不服从命令、饮水量增加、食欲减少、频频排尿。

发情出血 发情出血是母犬从发情前期开始从阴户流出血样分泌物。观察发情出血的持续时间和出血量的变化非常重要。发情前期的初期,阴户流出的分泌物为暗红色或茶褐色血样黏液,以后逐渐变红呈水样;从发情前期的后半期到发情期的前半期,分泌物呈浅红色;发情后期,阴道分泌物为血样黏液。发情出血量,发情前期的前3天量少,中期量多,后半期多停止出血。

阴唇肿胀　发情前期到发情期，阴唇及其周围组织迅速肿胀，触诊阴唇深部很硬。进入发情期后，整个阴唇变软，转为可交配状态。临近排卵时，阴唇肿胀程度最高，排卵后迅速消肿，之后阴唇又肿胀到接近排卵前的程度，以后逐渐消肿，恢复到正常状态。在排卵期的交配才是有效的交配。

阴道分泌物　分泌物为雌性动物生殖器官内壁脱落的细胞和蓄留于阴道内的分泌物，还包括子宫外口部的附着物和子宫颈管的黏液等。

母犬发情后的管理

加强饲养管理　母犬开始发情以后，由于生理上发生了一系列变化，情绪不稳，活跃好动，对异性十分感兴趣，食欲下降，愿意喝水，有时正在吃食，突然眼睛凝视远方，或跑出去。此时要加强营养，多喂些容易消化的食物，多给清洁的饮水。注意犬体和犬舍卫生，尤其是犬的外阴部要用温水轻轻擦洗，但最好不要给母犬洗澡，以防感染；犬身上经常刷拭或用干净湿毛巾擦拭。

勤观察　约克夏㹴母犬开始发情以后，勤观察是十分重要的。勤观察的目的，一是根据犬性行为的变化，选准交配时期；二是对犬表现的异常行为心里有数，以免惊慌失措。勤观察主要是观察犬的行为表现、外阴部肿胀

区分几种异常发情

安静发情　母犬无发情迹象，但却排卵，可用注射促性腺激素或马血清治疗。

假发情　虽表现发情征候，但却不排卵。与促性腺激素不足有关。

发情期过短　发情只1~2天或更短，可能与发育卵泡成熟过快或卵泡停止发育等有关。

发情期过长　发情期长达1个月左右，虽能接受交配，但不排卵，可能是卵巢囊肿或促性腺激素缺乏所致。

间断性发情　常见于营养不良的母犬，可能与卵泡交替发育有关。

发情不出血　母犬虽已发情，但阴户不像正常发情那样肿胀，阴道也没有血液。

孕后发情　怀孕后仍有发情表现，可能是生殖激素分泌失调所致。

乏情期延长　多见于肥胖的母犬，与雌激素不足有关，可补充维生素E。

情况、阴道分泌物的量和颜色变化情况等。重点观察阴道的出血日期和阴道分泌物变黄的日期。有经验的犬主人能通过勤观察准确地掌握犬的发情状态。如果当母犬阴道分泌物变为黄色,阴道黏膜为灰白色,愿意让公犬交配并有让尾现象时,说明该犬进入发情期,要密切关注,选准时机进行配种。

防止偷配 母犬进入发情期后,要严加管理,公母犬要分开,运动时带上脖套,以便于控制,更不能散放,以防被公犬偷配。

交配

◆ 交配适期

饲养的约克夏㹴母犬发情后,准备让其繁殖时要掌握适当的交配期。如果无法正确地掌握,是不易受孕的。要仔细观察以下各点,以找出适当的交配期。

①出血的颜色由红色变为粉红色,渐渐变淡,黏液增多。②外阴部变得更为膨胀且隆起。③用手指轻轻刺激其外阴部的周围、腰、尾巴根部,出现极敏感的反应,尾巴会上翘,扭腰,横躺在那儿,称孕让尾。④当有公犬接近时,母犬会积极地扭腰,发出允许的讯息。另一方面公犬也会闻母犬外阴部的味道,或舔或骑在它背上,做出交配的动作。

从母犬的出血日起开始计算,第10~14天时,平均是在第12天,出现以上现象时就是交配的适当时期。

◆ 交配前的防虫措施

替约克夏㹴配种,应先肯定交配双方皆健壮。尤其是雌犬,将来要怀孕与哺乳,若有任何寄生虫病,皆易传给下一代。

首先应化验它的粪便,看看有没有体内寄生虫,如蛔虫、钩虫、线虫等。

同时，应查清楚它最近一次接受过综合性防疫注射的时间，何时接受预防狂犬病注射。前者在一年期内有效；后者则在3年期内有效。若过了期，应从速补行防疫措施。雌犬的皮毛亦应仔细检查，看看有无跳蚤、扁虱、耳虱与其他体外寄生虫，比如毛囊虫与金钱癣，皆会传给幼犬，应于怀孕之前完全医好。雄犬方面，在交配前也应处在健康良好的状态，无虫病。

要替雌犬驱虫，最好在它发情期之前两周进行，如果太接近其发情期，可能会扰乱它的周期性。假使你在它刚怀孕的时候才发觉要驱虫的话，则应立即进行。驱虫药宜在上午空肚服食，那天应停食。切勿在怀孕后期替雌犬驱虫，它可能不能忍受，应先请教兽医。

◆ 交配过程

交配时公犬会迅速爬到母犬背上，两前肢抱住母犬，此时的母犬站立不动，脊柱下凹，使会阴部抬高，便于阴茎插入阴道。公犬的射精过程可分为三个阶段：第一阶段是公犬的阴茎插入阴道时就开始射精，此时精液不含精子；第二阶段是将含有大量精子的白色乳样精液射入子宫内，这个过程较短；第三个阶段是锁结后射的精液，为不含精子的前列腺分泌物。

交配中的锁结是指公犬从母犬背上爬下时，生殖器官不能分离而臀部触合姿势，这一姿势一般持续5~30分钟不等。在这一阶段完成第三次射精，但这与受孕已没多大关系。

在交配时只要算准了交配适期，1次交配便能受孕；但为了稳妥起见，应该隔天再配1次，以防万一错过排卵期。

◆ **交配时应注意的问题**

公犬交配频度 公犬在1年中的交配不能超过40次,交配至少要间隔24小时以上。

母犬的繁殖次数 母犬繁殖以2年3次为宜。

交配时间和地点选择 以清晨公母犬精神状态良好时为最佳,选择安静的地方。

作好配种记录 详细填写配种时间,公母犬名字、胎次、发情日期及预产期等内容。

交配时要注意安全 当交配呈拴系状态时切不可惊扰,不能将其强行分开,否则公母犬生殖器官都会受伤。

保证休息时间 交配前要让犬充分休息,保持旺盛的精力。交配后,公

母犬稍安静，舔完自己阴部后，立即放回圈舍休息。

交配前不要喂得太饱 配种前1顿，公母犬都不要喂得太饱，以免影响交配或公犬发生反射性呕吐。配种前半小时，让公母犬自由散步，充分排净粪尿。

妊娠

◆ 妊娠诊断

在约克夏㹴繁殖中，要尽早知道交配后的母犬是否受孕，以便加强妊娠期的饲养管理，防止流产或事故的发生，这对保证优良胎儿的健康出生尤为重要。作为家庭早期妊娠诊断，通常采用触诊法。这是犬的妊娠诊断中最常用的方法。

受精卵于排卵后20天左右开始着床，这时的胚胎直径为1厘米左右，排列成小球串状。当妊娠25～35天时，着床部位的子宫因胚胎发育而膨隆起来。胚胎直径为2.5～4.0厘米左右，这时，腹壁触知最明显。当妊娠35～45天时，因胎水增加，胚泡伸长，紧张度消失，子宫角成为直径均一的管状，与腹腔的肠管较难区分，因而此时触诊不易诊断。当妊娠45～55天时，子

专家提示

注意犬的假妊娠

若你的约克夏㹴在交配后虽也呈现腹部膨大，乳腺发胀，或能挤出少量乳汁但未妊娠，这叫假妊娠。分辨真假妊娠的办法是检查犬的体重是否明显增加。如果腹部增大，但体重没有明显增加的为假妊娠。犬的假妊娠是生理性的，是发情后期发生的正常变化，但并非所有的未妊娠犬都发生。假妊娠发生的原因与黄体的持续存在和黄体机能有关。如果你喂养的约克夏㹴经常假妊娠，你只有忍痛割爱，对其施行绝育手术。

宫角和各胎儿迅速增大，这时触诊母犬后部比前部明显，但要注意与结肠内的粪便相区别。一般这时的子宫角显著膨大而伸长，子宫角的中部在肝脏后方折回，尖端位于子宫角基部的上方。妊娠55天至分娩期间，很容易触到各个胎儿。

触诊的具体方法：检查者应先抚摸犬给以安全感，使犬安静。取站立式，把犬的头部轻轻挟抱在检查者的腋下，左右手掌放在犬的前腹部乳房与后腹乳房间的腹侧，手指稍张开，两手轻轻边压腹部边朝下腹部滑，妊娠子宫可垂到下腹部，这时，轻轻柔和地用手指挤压，可感知坚硬、隆起的受精卵着床部位，易区别于其他脏器。

◆ **怀孕犬的特殊照顾**

如果我们的爱犬怀孕了，我们应该怎样进行特别照料呢？根据许多繁殖专家的经验，应注意以下八点：

①宜轻抱轻放，勿在肚上施压力。②不宜剧烈运动，以慢慢散步作为运

动较宜。③切勿让它跳高跳低，尤其是临产前3周内。④不可喷施过量的杀虱水。⑤犬舍保持通风、保暖、干燥。⑥它临产之前1个月，应驱蛔虫。为安全起见，所用驱虫药分量可请教兽医。⑦怀孕期的最后几天犬可能便结，可试喂1~3茶匙（5~10毫升）的石蜡油，视其体形大小而定。不可乱用其他泻药，严重便结时要请教兽医。⑧喂以较稀的饮食，营养要特别丰富；特别是临产前的3周，应比平时加多1/4~1/2的分量；尤其要多些蛋白质和钙质，以鱼和肉类为主。犬食欲好的话，可多喂一些，但最好分餐喂，因为它的子宫增大，可供胃部膨胀的空间便相应减少。不要饲喂过量，以免积滞而弄巧成拙，脂肪性食物更不可太多。

生产

◆ 产前准备

在怀孕犬临产前大约2周，即应与家中和邻居其他犬只分隔开来。

最好事先准备一个干净的大盒子或木箱，放在温暖而避风的角落。盒子或箱子的大小，应足够供母犬舒伸腿，以及能容纳所有的幼犬。盒子或箱子的三边应够高，以能挡风为原则。有一边必须割低一些，约7厘米已足够，目的是让母犬易于踏入踏出。

"产房"里面应铺些撕碎了的干净报纸，若弄污了也比较容易清理。

母犬在临产前的10天内，应先习惯睡在盒子或箱子内。作为"育婴间"和"产房"内的气温至少应为27℃，早晚温差不能过大，冬天应有保暖设施。

约克夏㹴毛较长，应在这时期替它剪去乳腺四周和阴户四周的长毛，以便利日后它生产与哺育幼犬。

事先要准备好剪刀、注射器、胶手套、脸盆、毛巾、纱布、绷带、缝合针线及消毒用的70%酒精和3%碘酊，及催产、止血等药

物。临产前准备好温水。

◆ **产前征兆**

犬的妊娠为58~63日间,在预定生产日前后几天,都有可能是你爱犬的生产日。约克夏㹴分娩前有一系列表现,要注意观察。

外阴部和骨盆发生变化　分娩前3~5天,外阴部逐渐柔软、肿胀、充血,阴唇皮肤变红,从阴道内流出黏液。这时骨盆变大,臀部坐骨结节处明显塌陷。分娩前3~10小时,子宫颈口开张。

行为变化　接近分娩时母犬出现非常明显的变化,行为具有特征性。子宫、子宫颈、阴道等生殖器官及其周围充血,母犬臀部的坐骨结节下陷,后躯柔软,外阴部和阴唇肿胀,呈弛缓状态。临产前的母犬食欲不振,不安、气喘、呼吸快、寻找隐蔽的分娩场所,有些母犬有筑窝行为,多表现为围着家人求助。多数犬从分娩前12小时开始,频繁出入预先确定的产室,而且入产室时间长,外出的次数逐渐减少。分娩前1小时(少数犬前2~3小时)母犬用前肢扒垫草,抓产室的毛巾、抹布等,并用嘴咬断撕碎,发生低沉的呻吟或尖叫。多在这期间阴门露出胎胞。

体温变化　犬的正常体温为38.3℃,临分娩前的母犬体温明显下降到36.5~37.2℃。多数母犬的体温在第1个胎儿出生前9小时为36.4~37.2℃(最低体温),比生理体温低1℃以上。因此,可根据妊娠末期明显的体温变化,来预测分娩的准确时间。

◆ **生产过程**

阵痛开始前母犬会烦躁不安,或以前肢不停地扒地,并张口不停地喘气,这些是生产的前兆。约克夏㹴生产过程大致如下:

当母犬有伸前、缩腹、用力等现象时,是阵痛的开始。

阵痛频繁时,有些母犬会经破水而分娩,也有少数母犬不经破水就开始生产。随着阵痛,产道会扩张;胎儿也因子宫的抽动而从子宫颈滑至子宫体,推开子宫颈管,而把头或后肢插入骨盆内。此过程快者3分钟,慢者2小时。

胎儿的头部或后肢以横向侧卧而入骨盆腔,进入后在耻骨上方回转成俯卧姿势,此时母犬的阵痛也达于最高。其被强烈收缩挤出的仔犬,在颈部

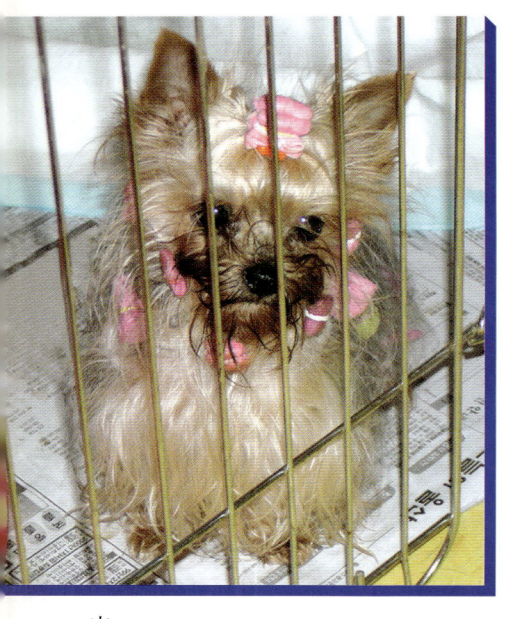

通过耻骨往下前进时,我们翻开外阴部,可以看到被胎膜包围的胎头、后肢等身体部分。接着,由于更强烈的阵痛,胎儿便顺势被推出骨盆,而包在胎膜内的胎儿便被分娩出来了。

　　胎儿到了母体外,脐带和胎盘仍然互相连接,而胎儿仍在胎膜内微动,此时善于自行处理分娩的母犬便会咬破胎膜及脐带,让新生仔犬破膜而出,并将仔犬全身的羊水舔净,此时新生仔犬会发出嘤嘤的叫声。在仔犬的叫声中,母犬一边用舌头舔动仔犬,给予慈爱关怀,一边将连接的胎盘和残余的胎膜排出。

　　当母犬把胎盘排出后,对新生仔犬应给予保温并隔开,待母犬将腹内仔犬全部分娩完毕,才给它拭净奶头,让仔犬吸奶。但如果两只仔犬出生之间超过6小时以上,则另行处置。

◆ 生产的间隔

　　怀有2只以上胎儿的母犬,其生产间隔都有差异,年轻、体力充沛的母犬大部分较有力量,其生产间隔较短,同时阵痛的力量有较强的趋势。

　　阵痛的出现和阵痛的强弱,有时在某种程度内会受到生产环境及犬所信赖的主人是否在身旁等等因素的影响。因此,假如母犬的分娩时间延长,则饲主可以把母犬带到户外走动,让它轻松一下并且适量的活动,可以使仔犬早点产下。如果两胎之间超过6小时以上,则可能由于母体过于疲累,或上次生产曾有大出血所引起,因此必须视情形尽快找兽医帮助。

◆ 人工助产

　　产前活动　阵痛开始后母犬因疼痛而多睡卧,懒于走动,若停滞时间过久,则会影响胎儿向产门蠕动行进,故宜牵出室外到附近走动。这样可以缓解母犬紧张的心情,并且适量活动可促使仔犬顺利导向产门。

催生方法 母犬坐产过久,仍不能产出,或坐产无力,仔犬难以通过产道,则可以催生。催生的方法,除牵出室外运动及以手推摩母犬腹部帮助用力外,医院最常用的方法就是注射催生针。催生针的效果极佳,但催生针使用不当时,却会引起严重的后果。如果母犬是因骨盘扩张缓慢,在未开至适当宽度前使用催生针,仔犬非但不能产出,母犬也会因为过分用力而将子宫撑破,那太危险了,因此催生针剂的使用应请教兽医。

人工接生 有些母犬首胎生产,无生产经验,既不会撕破胞膜,也不会咬断脐带,此时还是人工接生更可靠安全。首先见到胞衣慢慢自阴部露出,随着母犬使力向外生出,在露出未超过 1/2 前不宜勉强拖出,待超出一半后如滑出顺利也不需助力;如超出 1/2 后出生仍极慢,为节省母犬的体力及防止仔犬休克,可用纱布裹住仔犬,配合母犬向外努责时向外拉出。向外拉时,力度要适当,需注意勿用力过猛而伤了胎儿,尤其不可将胎衣及脐带拉断。仔犬出生后,首先自头部撕破胞衣,并速将仔犬口内黏液、羊水除净,使仔犬呼吸顺畅,然后用两手将胞衣连脐带握牢,慢慢将胎盘拉出,要小心不可拉断。胎盘出来后立即用消毒过的棉线,自仔犬肚脐一厘米处扎结,再予以剪断,断脐处需要碘酒消毒。断脐后,立即用干布将仔犬全身擦干(或以温水洗净后再擦干),并揉背部使仔犬叫出声,然后放入铺好垫布的笼内,并用电热毯或电灯保温。处理妥当后,将母犬身上稍为拭净,再换生产用的报纸,然后将胞衣、胎盘等秽物收拾干净,如此即完成一只小狗的接生工作。

人工帮助呼吸 仔犬出生后,一将胞衣撕破露出口鼻,仔犬便开始呼吸,强健者立即挣扎蠕动且大声啼叫,但大多数仔犬都必须待口腔内黏液除净后才能正常呼吸发声。有些幼弱者虽然口腔已清除干

净,但仍然不能呼吸,此时可见仔犬疲弱无力呈假死状,应即施以按摩,再用大拇指及食指两指轻按仔犬前肢腋下心脏处,并用毛巾从颈部至背部摩擦,且轻轻按摩心脏,通常数分钟后即可见仔犬逐渐苏醒,发出嘤嘤之声,此时仔犬即已得救,可放入产箱保温。经过假死的仔犬于生后数月内要特别小心照顾,并注意其体重增加的情形,如果哺乳良好,体重稳定增加,则将会日见茁壮。

胎盘、胞衣的处置 生产后所排出的胎盘、胞衣若母犬喜欢吃可以少量给予。胎盘、胞衣可助母犬恢复体力,促使乳汁分泌,并可增强初乳中的免疫力,但如吞食过多,会引起母犬消化不良及下痢等症状,故不可多给。

生产完毕的确认 以手触摸母犬腹部,若两侧均柔软无硬块,且母犬已不再有待产的情况,即已生产完毕。

产后清洁 母犬生产完毕后,下半身均为羊水污血所脏,故宜以温水将尾部周围洗净吹干,并以酒精棉及温开水将奶头附近擦净,稍事休息后再让母犬哺育小狗。

帮助仔犬哺乳 健康的仔犬在娩出后即会吸吮母乳,若不会吸乳时,可将其嘴巴打开让其含住乳头,即会开始吮乳。分娩后的数日内要特别注意其是否吸到足够的乳汁。如果仔犬有活力,体重平稳的增加,则其吸入的乳汁充足。吸入充足乳汁的初生仔犬第1天体重约增加5克,第2天起每日增加10~20克。

难产及异常生产的处置

约克夏㹴异常生产的情形相对较少,若过度近亲繁殖,则可能造成生殖机能不太健全;又加上管理不善的话,就可能会发生异常生产。现将异常生产的各种情形略述于下表:

难产情形、原因及处置一览表

难产情形		原因	处置
阵痛微弱		平时缺乏锻炼,生产时用力不足,血液钙质过低或荷尔蒙不活性引起	由医师据临床症状注射阵痛促进剂
产道狭窄		盆骨狭小、阴道发育不全或狭小	请兽医行剖腹产
胎位不正	逆位	胎儿以后肢朝向产道	多为顺产,若头部被卡住,予以协助
	后头位	进入盆骨,胎头呈俯卧状,鼻朝向胸部,脖头卷曲,头部宽度增加	无法顺产,及时请兽医协助调整
	臀位	逆位生产时,后肢缩向腹位,以臀朝向产道,臀部变大	应设法转位,使其顺利生产
	侧体位	误入子宫角,胎儿屈成"乙"形,以一只脚朝向产道	形成绝对难产,转位后试着以镊子夹出,否则进行剖腹产
胎儿过大		胎头比母犬的产道大得多	差异不大,可剪开会阴取出,否则进行剖腹产
胎盘早期剥离		分娩日未到,胎盘即由子宫剥离,阴部流出墨绿色的分泌物	至少1只仔犬死亡或处于死亡边缘,请兽医处置
剖腹生产		以上各种难产,用尽办法无法顺产时	只能借助剖腹生产
流产		8周前生产,母犬受撞击、缺乏黄体荷尔蒙、细菌侵入子宫	弄清原因加以预防
早产		满8周但未熟产出、胎儿过多、肚子受寒、黄体荷尔蒙不足	细心照顾早产儿
迟产		超过预产期4天	预防胎儿过大的难产

产后的管理

◆ **初产母犬的教导**

如果你的母犬是初次产仔,那么在你把仔犬交给它时,它可能会莫名其妙,不知所措,甚至攻击仔犬等,这时你就需要教教它了。首先让母犬躺下,腹部朝上,把小狗放下去吸奶,看看它的反应。如果它没有恶意,乖乖地让小狗吸奶,那么再观察看它是否会舔小狗的性器官,替小狗把尿,如果它会,那么你就可以放心地把小狗交给它带了。只要它奶水充足它就可以把小狗带得很好了。

◆ **初生仔犬的管理**

初生仔犬的体温调节机能尚不发达,体温易受外界温度的影响,无法保持一定的体温,所以出生后的保温甚为重要。保温方法以电热毯为佳。如果不用电热毯,则可在仔犬箱上方置一盒 40W 或 60W 的白炽灯泡,这样也足够保温,育仔箱温度以 30℃ 最适当。生产时如为盛夏且天气炎热,除出生当天外可不用保温;如因天气过热而仔犬哀嚎不停时应采取措施降温,保持 30℃ 的恒温。新生仔犬自律神经尚不发达,无外界的刺激不会排便排尿,通常母犬会以舌头舔拭仔犬的肛门和外阴以刺激排便排尿,并且吃掉仔犬排出的粪尿。但若遇上初产或娇生惯养的母犬不会照顾仔犬时,则饲主应以棉花或卫生纸,轻轻擦拭肛门及外阴部以促进排泄,1 日数次,直到仔犬能自己排便为止,这大约需要 20 天。

◆ **帮助仔犬哺乳**

为了使母犬的乳房便于仔犬吸吮,可预先剪去乳头周围的毛,哺乳时,用手指压迫乳房,稍挤出少量乳汁之后,再把仔犬的口对到乳头上。由于仔犬主要通过初乳获得抗病能力,靠初乳的轻泻作用促进胎粪排出,因此仔犬出生后要及早哺乳,吸足初乳。

初乳 产后3天内的乳汁称为初乳,其成分与常乳有很大的不同,含有较高的蛋白质、脂肪、丰富的维生素,具有缓泻作用,可促进胎便排出。初乳可全部被仔犬吸收利用,对增长体力、维持体温极为有利。初乳含有多种抗体(母源抗体),这对于机体抗病机制尚不完善的仔犬有着十分重要的意义。据实验,仔犬可以从初乳中得到77%的免疫保护力,随后母源抗体的浓度逐渐降低,到1周龄时为45%,2周龄时为27%,3周龄时为16%,到8周龄时基本没有了。因此,应尽

可能早地让仔犬吃到初乳。

常乳 指犬分娩3天后的乳汁。常乳中也含有大量蛋白质,但主要是酪蛋白,其次是白蛋白和球蛋白以及乳脂肪和乳糖。这些物质也都是仔犬生长发育中不可缺少的物质。

哺乳的时间和次数 哺乳的时间、次数母犬自会掌握,无需人为地干预。但有些乳汁少或母性差的犬,主人要注意授乳情况。一般每天的喂奶次数应在5次以上。

◆ **排乳不良的处理**

母犬有时候乳房膨胀,泌乳量很多,但有时乳汁的排出量却很少。当排乳不良时,仔犬会因吸不到奶而一直咬住乳头不肯离开,此时应对乳房施以按摩,以促进排乳。按摩的方法是以温热的湿毛巾贴住乳房,用手掌揉搓5~6分钟,然后握住乳房对乳头加压挤乳。此种按摩1日数回,直到乳汁排出顺畅为止。

◆ **母乳不足的处理**

产后母犬死亡或产仔过多或母乳不足时,要采用人工哺乳或寄乳。人工哺乳通常喂以牛乳或奶粉。

寄乳是将仔犬寄养给其他哺乳母犬的一种方法,但保姆犬主要是通过气味辨认亲子的,因此,在寄乳前应先将保姆犬的乳汁或尿液涂在欲寄乳的仔犬身上,使其带有保姆犬的气味,这样易被保姆犬接受。但在刚开始接触时,应加强观察与管理,严防踩、咬现象,必要时可给保姆犬戴上口套,待其允许仔犬吮乳后再摘下。

犬乳中蛋白质量是牛乳的3倍,脂肪量是牛乳的2.5倍,因此人工哺乳单靠牛乳营养是不够的,所以应该在牛乳中加蛋黄及乳粉。初期人工哺乳可用1份乳粉加7份水,以后逐渐增加乳粉浓度,直至1:4的比例。

人工哺乳应尽量少食多餐。出生5日内的小仔犬应2~3小时喂乳1次,每次20~30毫升;生后6~10天的仔犬应每3~4小时喂乳一次,每次30~80毫升;生后10~15天的仔犬应每隔4~5小时喂乳1次,每次100~120毫升。仔犬未睁开眼时用乳瓶喂乳,睁开后可改用食盘。喂食量可随仔犬的食量进行调整,逐渐增加喂量和浓度。仔犬的环境温度通常为30℃左右,随着日龄的增加,环境温度也应逐渐下降一些。如小仔犬未曾吃过初乳,则应在仔犬生后连用3次增加仔犬体质、抗病能力的药物,如免疫血清、免疫增加剂、丙种球蛋白、干扰素及转移因子等。

◆ 防止母乳变质

吸乳的仔犬,由于母乳中带有母源抗体,故不易患病。当刚出生的仔犬突然死亡时就要考虑母乳是否变质。

母乳变质往往由于母犬的情绪不好所致。母犬情绪不好的原因很多,很难加以分析。但最直接的原因有:

(1)母犬仅分娩1~2只仔犬,而母乳分泌过多。由于乳汁的淤积,往往会使母犬发生乳房炎,从而使乳带有很多炎症产物(细菌、毒素),仔犬吃了这些乳后就会发生中

毒而死亡。

(2)母犬为了照料幼犬,多半喜欢与幼犬同住,但幼犬住处的温度较高,母犬长时间待在温度较高的地方身体状况变坏,往往会发生中暑或患病,从而使母乳变质,幼犬吃了变质的乳以后会引起中毒而致死。

◆ **断乳前的管理**

仔犬从出生到断乳这期间很重要,成犬的健康、体格情况很大程度上与这个时期有关,必须加强这段时期的管理。

仔犬出生后3~5周可以进行第1次驱蛔虫,因为经母体胎盘传给仔犬体内的蛔虫卵这时已经在小肠中变为成虫了。以后每隔3周,驱虫1次,因为经过3周新感染的蛔虫幼虫又长成成虫了。驱虫直到16周为止。

仔犬在3~5周已开始长牙,也可慢慢开始饲喂固体食物,但千万要注意一定要逐渐地改变饲料。

仔犬在出生后第6周最好做第1次预防接种犬瘟热及犬细小病毒疫苗,因为这两种病对犬的危害性很大,同时母犬初乳中所给的母源抗体在仔犬身上已开始消失。经过2~3周后再做第2次疫苗预

防接种,从而使仔犬在第 2 次疫苗预防接种后 2 周才能将仔犬带到外面去玩,或让仔犬和其他犬接触。

预防接种要有针对性,同时还要注意,不同生物药品、不同厂家生产的疫苗,它们的免疫期是不一样的。如犬瘟热疫苗,有的预防接种后可保护半年,有的可保护 1 年,而有的犬瘟热疫苗可保护两年。

◆ 断乳

一般仔犬断乳的适当时间为 45 日龄左右。如 6 周龄前断乳,仔犬体质还很弱,对采食固形饲料还不习惯、不适应。10 周龄以后断乳会影响母犬的增膘复壮,影响下一次的配种和妊娠,降低母犬的利用率。

仔犬断乳方法通常有:一次性断乳法、分批断乳法、逐渐断乳法、仔犬离乳不离舍断乳法、仔犬离乳离舍断乳法。

断奶之后的仔犬,由原来依赖母乳生活过渡到自己完全独立生活,这是其一生中重要的转折点。这一时期的饲养管理绝不能放松,要给予其丰富的营养和精心的护理,以保证其正常生长,减少和消除疾病的侵袭,育成健壮结实的仔犬。

成都宝仔屋宠物美容学校

优秀约克夏㹴鉴赏

图片提供:成都宝仔屋宠物美容学校
电话:(028)87486646
邮箱:cdpet@163.com
http://www.topgroomer.com